相信閱讀

Believing in Reading

科學文化　60A
Science Culture

物理與頭腦相遇的地方

First You Build a Cloud

and Other Reflections on Physics as a Way of Life

by K. C. Cole
柯爾／著　　丘宏義／譯

作者簡介

柯爾（K. C. Cole）

美國南加州大學安納堡傳播學院教授，
《洛杉磯時報》科學專欄作家（1994年迄今），
經常在《紐約客》、《紐約時報》、《新聞週刊》、
《華盛頓郵報》、《哥倫比亞新聞評論》等媒體發表文章。
1995年、2004年、2005年三度獲得「美國最佳科學寫作獎」，
2002年獲得「美國最佳科學與自然寫作獎」。
由於頻頻獲獎，而有「科學寫作界之達文西」的封號。
著有《數學與頭腦相遇的地方》（*The Universe and the Teacup*）、
《物理與頭腦相遇的地方》（*First You Build a Cloud*）等書。

柯爾女士成長於巴西首都里約熱內盧、美國紐約州，
曾在東歐待過數年，早年的寫作焦點在政治評論與女性議題。
1980年代，與舊金山探險博物館（Exploratorium）創辦人
法蘭克·歐本海默（Frank Oppenheimer）成為知交後，
開始對科學產生濃厚興趣，從此鑽研科學，筆耕不輟。
育有一女一子，目前定居在加州聖摩尼卡。

譯者簡介

丘宏義

台灣大學物理系畢業，美國康乃爾大學物理博士。
曾在普林斯頓高等研究院博士後研究二年，
鑽研超新星的形成及中子星的構造，奠定現代中子星理論的基礎。
之後在美國航空暨太空總署（NASA）馬里蘭州高達太空飛行中心
（Goddard Space Flight Center）擔任太空科學家及天文物理學家。

退休後，專事寫作，著有《新封神榜：紂王與妲己》、
《吳大猷：中國物理學之父》，
譯作有《預約新宇宙》、《億萬又億萬》、《抓時間的人》、
《數學與頭腦相遇的地方》、《物理與頭腦相遇的地方》、
《物理學家的靈感抽屜》、《光錐‧蛀孔‧宇宙弦》、
《宇宙的六個神奇數字》、《量子重力》、
《黃金比例》、《時終》等書。

牛頓本人，和那些……攻擊他的人……一定會對最近的論點感到詫異，這論點說：自然哲學和「價值」無關，自然科學本身應當「無價無值」；對那些追求人生方向的人來說，從我們最好的自然事物的智識中，不會學到任何東西。

即使少許的科學……對人之價值而言，卻是有無限承諾的東西。

——小藍得爾（John Herman Randall, Jr），《牛頓的自然哲學》

以前物理科學被稱爲自然哲學，可是不幸的是，哲學課程中已經不教物理了。這事態令人感到驚奇。因爲我所知的物理學家，在與我的談話中及他們之間的談話中，都充分瞭解這一點，即：在塑造我們人性及倫理世界的看法時，我們對於物質世界的想法，會有很深刻的影響。對這些物理學家而言，物理是文化及哲學的一部分。在本書的各章中，柯爾女士能以類似物理學家之間討論這問題的方法，以同一深思的渠道向非物理學家談及這些問題。

——法蘭克．歐本海默（Frank Oppenheimer），探險博物館創辦人

（探險博物館是一家在舊金山的博物館，專於科學及認知。）

自序
物理是一種生活方式

柯爾

這本新版的書，以前的名字是《和應振動①：物理是一種生活方式的反省》。本書已大量重新修訂過，加入了許多的新材料，許多段落都已經大筆琢磨過，或者根本取消。再者，書中的材料已經重新組織成三部分，分別討論不同的命題。

前言〈生活在太空中〉，定下了這書的哲學框架，同時解釋了某些偏愛；本書中的闡述及語調皆源自這些偏愛。

第一部〈求知的藝術〉，探索了許多物理學家的方法；他們用這些方法嘗試著去看那些看不見的東西，去瞭解實體宇宙；這個宇宙很可能在人類感官、領悟能力之外。

第二部〈發動者及震撼者〉，討論使世界萬物運轉的力及贗力（pseudoforce）和近代物理的基礎：量子力學及愛因斯坦的狹義相對論與廣義相對論。

第三部〈線與結〉，追踪物質世界中某些不斷重複織出的模式（pattern）。有些是節奏，它們像和應振動（共振）：你朝任何自然萬物去看時，它們都會隨時跳出。其他的則是物理學家面對的難題，例如因與果之間的關係；解答極爲困難，可是物理學家仍然不斷設法去搜尋它們的解。

【注釋】

①譯注：和應振動的原文是 sympathetic vibration。如果把兩根弦綳緊，把一根弦撥了發音，而如果第二根弦的頻率與第一根的一樣，那麼第二根弦不久也會振動而發音，這稱爲和應振動或共振。如果在橋上步行時，步行的頻率與橋的固有頻率一樣，也可能引起和應振動，有時會把橋震塌。因此軍隊步行過橋時一定要亂步走。請見本書第十章。

導讀

愛情、互補、因果關係及其他

丘宏義

醫馬和醫人也差不多。

——胡適，〈差不多先生傳〉，約一九二〇年代

這本書可以說是散文集，以洗鍊的感情來把物理看成生活的一面。作者用的副標「物理是一種生活方式的反省」，充分地表明了她的觀感。物理可以說是一門又是技術性又帶哲學性的科學；至少在這門學科創建的時候，是如此的。

哲學的淵源是文學。好的文學能描述出隱藏在人類感情及行為背後，最深刻不可測的內心自我（或他我）的情操。一位好的物理學家也想要去看出隱藏在普天下美妙神奇萬物後面的自然界的「自我」。本書第八章寫到伽利略在平滑的河流上乘舟航行的故事

是一個很好的例子。當衆人正在欣賞兩岸的風景鳥樹房屋人物時，現代物理學的始祖伽利略卻以哲學的眼光，看出相對運動的眞諦：「如果你坐在四平八穩的封閉船艙中，這艘船平滑地在河中航行，你不能分辨出你是否眞正在動，還是不動。」也就是說，動態和靜態在本質上是同一種運動態。

船是很古老的人類發明，古老到連第一艘船出現的年代都無法考證。在伽利略之前有數不清的人乘坐過船，可是大都被大自然用來粉飾自己的美景所分心或被矇住了。這些被矇住的人之中包括了許多菁英，如大哲學家亞里斯多德等人。這些菁英也不是沒有想過這些問題，可是也許由於客觀的條件，沒有認出這些問題的重要性。

亞里斯多德認爲靜止的狀態是「自然態」，動的狀態是非自然態，即運動中的東西終究要停下來。不是嗎？一輛馬車在崎嶇不平的路上很快的就會停下來（在亞里斯多德的時代，有石子鋪的路就算是很不錯的了）。因此，靜止的東西和動的東西基本上就有一個很大的不同——動態是短暫的，靜止態是永久的，二者在表面上呈出的是完全不同的兩種態。而伽利略在平滑的河上航行時，認出靜止態、動態都屬於同一種永久態。這就是伽利略和亞里斯多德在基本理念上不同的地方。

本來這種亞里斯多德的錯誤也算不了什麼。即使在現代科學中，也有許多科學家原先認爲不變的「眞理」，到後來被推翻了。這是很普通的事。不幸的是，後來掌握歐洲最高政權的教會，把亞里斯多德的理論硬性規定爲宗教經典的一部分，強迫人們信仰這理論爲不能改變的眞理，使得亞里斯多德的理論不能像一般科學理論一樣被後人改進演變。物理學的另一位始祖牛頓說過，他站在巨人的肩上，因此才可以看得更遠。可是在伽利略的時代，幾世紀以來，教會已經硬性規定了，不允許任何人站在亞里斯多德這位巨人的肩上去看得更遠。許多後人因此不分青紅皀白地只去批判亞里斯多德的錯誤。

持平來說，伽利略是站在亞里斯多德的肩上才發現了這個劃時代的「靜態和動態是同一態」的力學原理。他大膽注意到亞里斯多德理論和自然界現象不符，因而發現了動態和靜態之間沒有可以觀測出的區別——在船隻移動時，封閉的船艙中所看到的物體現象，如丟一枚石子，魚缸中游的魚，等等，都和這船不動時看到的一樣。這個看上去很平凡的原理，後來就變成牛頓力學的基礎。伽利略的理念後來被牛頓發揚光大成爲牛頓力學。這個結論就變成牛頓力學中的一個重要原理：靜者恆靜，動者恆動。而這個觀念：動態和靜態之間基本上沒有不同，就是隱藏在自然界美麗外表的內在自我的一部分。自然界的自我特性就是我們所謂的物理定律。

科學最注重的是懷疑的態度

我們對自己經常看到的東西往往視所當然。有人認爲這種觀點是科學的阻礙。可是對人類來說，這才是人類能進步的原因。我們在小學念書時，老師把每一句子逐字解釋，解釋到我們把這些句法視所當然的時候，才算盡到了責任。我們長大以後，可以不必再回憶到這些句子的逐字解釋就能應用，就如本書所說的，學物理要學到能一提起電子，就能運用自如，而不必經過這個過程：讓我想一下，電子是原子外面的東西，質量是什麼……等等；這些術語都已經長在舌尖上了，待命而出。

因此，我們學會了在講話中能很快地構思，構思的速度快到有時比講的速度要快。（當然有些人構思太快，不經大腦就講出來了，可是這是一種毛病，另當別論。）如果每說一句話都要深思其意，說話就會很慢，時說時停。說得好聽是言語謹慎，說得難聽是呆滯及思考做事緩慢。

記得聽說過這麼一個極端的笑話，可以應用在每一句話都要過分深思的情形。前清時代考舉人進士時，按慣例要給少數民族一些保留名額，以攏絡人心。有一年，一位目不識丁、被族人推選去應考的少數民族考生，硬了頭皮，交上白卷。古代時，主考官一定要處事公允，不得循私，否則要嚴辦。主考官在每一卷上一定要加上評注取和不取的原因。當時詮選進士的考試非常隆重，在皇帝的殿中考（殿試）。考卷要皇帝親自過目，而皇帝過目時，主要看的是主考官的評語。這位主考官面對白卷，良久不知如何下筆，後來得了靈感，下評語云：「做事謹慎，輕易不下一語。」這幾句評語順利地過關。（這個笑話大約是杜撰的，因爲古時考卷都是彌封的，無法知道應考者的名字。可是這個笑話在中國大陸文革期間又重演了，出了一位被毛澤東讚揚不絕的「白卷英雄」張鐵生。）

科學中最注重的是懷疑的態度，即對每一事物要採取保留態度，仔細審視一下，是否有漏洞，如果有，是否有突破的可能。好的物理學家和普通的物理學家之間的區別，除了學識以外，就是看漏洞及能以不同角度去審視突破方向的本領。這種本領是教不出來的，只能從經驗及接觸的人之中學來。（這就是爲什麼名師出高徒的原因。）因此，雖然科學家要把已經建立的科學原理學到滾瓜爛熟，都放在舌尖上，待命而出，操作自如；可是一旦遇到了疑難，就要先問自己一下，是否遇到了需要深思的地方了。

這種精神非但在科學家中有，在許多方面都有。例如，美國大公司的職位中，最重要的是執行長（CEO, chief executive officer）。他是掌舵者，他能決定一家公司的興旺或失敗。他成功和失敗的地方，都是在於能不能審視他人看不出的方向，要以不同的角度去看。商業的機遇是瞬時萬變的，如果不及時抓到，以後就很難抓了。墨守成規的公司最後就會走向失敗的道路。畢竟一家新創的公司之能成功，大都由於創始人有獨特新穎的理念。社會、傳統及科技在不斷的變化中。原先很流行的商品，會在隔夜之間過時。成功的公司一定要不斷審視目前的商業政策，看出漏洞，及轉型的方向。

國家的決策亦然，不能墨守成規。清朝失敗的一個原因就是墨守中國二千年儒學至上的傳統。在這個競爭劇烈的世界村局勢下，堅持各種招牌主義的國家最後都會遭遇到失敗。最顯著的例子就是「基本教義派」的馬列史共產主義的國家。

老生常談──平凡之中的不凡

本書作者自稱她所談的都是「老生常談」，沒有談到最新的高溫超導體、基因工程，甚至於連現在最重要的高科技日常用具，電腦上的微電子科技也不提。她提到的都是三十多年前發展出的物理原理。她並不是不知道有這些新奇的科技，可是她不提而專注於「老生常談」話題的原因是：「在科學的最前鋒，最奇妙的事往往只是把日日遇到的科學奇妙處，加以潤色修飾而已……」（見第8、9頁）如果仔細想一下，最平凡的東西，即老生常談的東西，往往是最能吸引人的題材。平凡眞的多麼的神奇！

以藝術爲例。所有人類繪畫的題材幾乎都是老生常談。最早，穴居人的繪畫題材幾乎千遍一律都是他們行獵的動物。中國的國畫以山水爲主，也許中國文化崇拜的是天（宇宙），可是中國文化崇拜的不是實體的天，而是隱藏在這個實體天背後的一個抽象天。天要比神高，因爲神是附屬在天之下的。所有中國的神來源都幾乎脫不了這些（或類似的）字：「死後，上天憐其忠悌，封爲某神。」

天后，又稱媽祖，是台灣尊崇的神祇。她生前是一位住在福建海濱的女子林默娘，終生未婚，擅游泳，經常在風雨中救覆舟的落難人。後來在二十七歲時於一場大颱風中救人時被大浪捲去失蹤。鄉民尊敬她捨己救人的精神，爲她立廟，編出上天封她爲海上守護神的故事。（天后的尊稱是在前清皇朝時封的。）

中國學者至高無上的目標乃是「天人合一」①。而天人合一就是認爲：天地宇宙萬物與人爲「道之所一體」，即人和自然界融成一體。這是古典中國學術精神情操中的至高象徵。中國山水畫中的題材往往都是雄偉的山水飛瀑，可是在這些最美的自然景色中，幾乎無例外地都要放進去小到幾乎看不出面貌的學者、下棋者或漁樵作爲點綴，即天人合一的象徵。

西方文藝復興以前的繪畫題材，也幾乎都是「老生常談」題材的宗教畫，題材若不是基督，就是聖母，或其他宗教人物。而在文藝復興以後的畫，也幾乎是千篇一律的希臘神話中神祇的題材，兼有應用畫——達官貴人的人像。一直到十八世紀末，風景畫才流行。後來的畫家喜歡畫的靜物題材，也是老生常談的水果盤皿及漁獵物，如魚、雉鷄等。即使是現代的抽象畫（立體派、印象派，等等）的題材也脫離不了這些古典的「老生常用」的題材，只是表達的方法技巧改變了而已。

文學中寫到的題材幾乎可以說都是老生常談。幾乎所有古今中外的文學都提到愛情，可是每次出現了一部好的愛情小說，人們仍舊瘋狂地去買去讀。每一部文學巨著中描寫的愛情都令人感動。從羅密歐和朱麗葉到賈寶玉和林黛玉，可以說都是千篇一律的「老生常談」，都是兩性求偶之際引起的情操。幾乎所有的男人或女人在年輕時候都經歷過一段浪漫幻想式的白馬王子或白雪公主的幻思心理過程。我們因此離不開這種情操。就是因為如此，對我們說來，這種題材最親切感人。這題材可以說是「老生常談」，但卻是百讀不厭的老生常談。

百讀不厭的原因是：幾乎我們每一個人都對愛情有某種深度的瞭解。關鍵乃在瞭解的深度淺或深，或豐不豐富。

如果仔細想一下，自然界眞是奇妙，即使一片綠葉也是神奇的。在太陽系之中，只有地球上有樹葉。一片葉子的出現眞是不易，要三十多億年的時間才能從類似月球的死世界環境中演化出樹葉來。可是我們都覺得樹葉是最不值錢的東西。這令我想到目前生活良好、兒女不多的社會中，一個相當普遍的現象，就是孩子們覺得錢是長在父母身上的葉子，要用的時候只要去摘就可以了（甚至於不要去摘也會送過來）。而在上幾代，甚至於在現在一些貧窮的第三世界國家中，連吃飽肚子都有問題的時候，對金錢的態度就不像這些嬌生慣養的孩子了。即使一分錢也是很珍貴的。在沙漠中的居民對樹的價值觀就和我們不同。一棵樹代表的是在一片一望無際的黃沙中的可貴生命。連一片樹葉都是可貴的。

柯爾女士舉出一個例子。她同她的六歲男孩搭乘客機在一萬公尺左右的高空上飛行的時候，她朝下面看。她這麼寫出她的觀感（見第6、7頁）：

我看到下面地球表面上大而廣、像打翻的牛奶形成的白色鹽漬區——地球之鹽時，我發出喔喔的驚訝聲。我看到洛磯山脈上鋸齒狀的山脊，把整個大洲一切爲二時……也不禁發出了啊啊的驚訝聲。我的兒子則專心注神在看電影。我不能自制，因此我催促他去看一眼。他似乎一點也不感驚奇，只模糊地表出一些興趣……

就在這時候，空中小姐來了，要我把窗屏拉下。她說，別的人想要看電影。可憐的地球，我這麼想。到處都有被彗星打出的麻斑及皺痕，被風及雨磨平了的皺痕，可是令人不能置信的是，一片片的新綠植物就在這裡那裡長出，在舊的灰燼上冒出。可是沒有人來讚美妳那有尊嚴的美，還要說事物如此是理所當然的！

當然，有許多理由不去管這些老生常談的東西。我要擔心明天會不會刮颳風，我放在窗台上的盆景是否會被吹下去。我明天要早些起來，因爲交通會擁擠，而我又要趕一篇很重要的報告。如果我的上司對這篇報告滿意的話，我怎樣去說服他給我加薪，或升級……衡量之後，太忙了。算了吧，不去管這個地球了……

雖然這些老生常談和我們的日常生活似乎不太相關，可是對於這些老生常談的瞭解，卻眞的有助於我們的思考。作者的物理學家朋友說：「科學非但實用……科學也決定了我們如何思考及感受……我們對自己的看法以及對我們世界的認知是什麼。」科學也占有我們文化中和藝術、音樂、文學同等地位的一部分。作者又加寫幾句：「科學給了我們對尺度的認識、對限度的認識、對透視的讚美，以及對不確定性的忍受。」

早期美國拓荒時期，有許多老粗進入政界，變成地區性的議員，成爲地方的土霸。在十九世紀時，有一位這類的老粗反對在他所住的郡縣中建造圖書館。他的理由是：「我們只需要三本書：（基督教）聖經，（教堂中用的）讚美詩歌篇書，及農夫年鑑（相當於中國的黃曆）。其他都是多餘的，會教壞我們的孩子。」試想一下，如果當時的美國眞的採取他的政策，是否在一九六〇年代能把太空人送到月球上去，再把他們接回來，現在是否會有通訊衛星、網路、電腦？

本書〈前言〉中引用了物理學家威爾遜在說服美國國會花巨資建造加速器時說的話（見第15頁）：「它（加速器）只和我們人民之間的互敬、人民的尊嚴、我們對文化的愛好有關。它與以下這些事物有關：我們是不是好的畫家？好的雕塑家？偉大的詩人？我的意思是，在我們這個國家中，這些都是我們眞正崇拜仰慕及尊重的東西，使我們愛國的東西……」

也許是把這些「老生常談」，以及和我們日常生活無直接關係的東西，變成中國文化的一部分的時候了。

深入塵世的科學觀念

（量子力學中）波和粒子這兩個性質是互補的。

——互補原理，量子力學始祖波耳（一九二〇年代）

無名……有名……同出異名。

（白話譯文：無名的……（和）有名的……雖然名稱不同，都屬於同一體系。）

——老子（公元前604-505），《道德經》

本書花了不少篇幅闡明互補原理。其實互補原理很簡單，即事物就如多面體一樣，它呈給你的面向的形狀要看你的觀點而定。可是這麼簡單的原理卻常常被人遺忘。

小時候看到寫某人的傳記時，往往看到在描述這人如何正直時，要加上一句讚語

（想來是讚語）：「嫉惡如仇。」聽上去似乎這人的品性很好，對「惡」恨透了，就如恨大仇人一樣。眞是多麼正直的人呀。可是書上從未定出「惡」的定義。後來經歷多了，發現一般被人讚揚爲嫉惡如仇的人所嫉之「惡」，乃是和自己信念不同的東西，不一定是殺人放火的惡。

記得在十九、二十歲的時候，去過一間教堂。那位有相當中文基礎的美國牧師以生硬可是都能聽懂的中文傳教，把所有其他中國傳統的宗教都說成似乎是魔鬼②的信念，只有基督是眞主。其言論之激昂，就如「嫉惡如仇」一樣。當時頗爲所動。可是多年以後，覺得這類的言論把黑白界線劃得過於明顯：在這條線的這一邊一定是絕對的善，在線的那一邊一定是絕對的惡。是否這條線眞的是一條數學上的線，不允許「中間份子」呢？是否在這條線之外，還有別的分界線呢？

這種硬性把善、惡區別出來的理念，似乎是與人類文化一起建立的。在穴居漁獵社會中，也許這種黑白分明的觀念爲生存所必需。那時除了要防備猛獸以外，還要防範入侵的異族或陌生族人。一個最簡單的敵我識別方法就是，如果來的人不是我族人，就是敵人。到了文明較爲建立以後，才有互相來往的習慣。可是這還不是黑白界線分明的主要理由。我想，這個把所有事物都分成對壘的兩面的基本原因，也許和思維方式有關。

在西方，自古以來一直都流行這種明顯的黑白分界方法，而且一直延伸到今日。可是在中國，自從採用儒家思想以後，這種黑白分界的方法為學者所不齒，因為孔子的哲學是中庸，簡單說來，即對什麼事最好都採取中間路線。這並不是說黑白分明的方法絕對不對；在黑白分明後面的哲學是對任何事要下嚴密的定義。這種思維方法能促進科學的發展；畢竟科學就是在爭那一點一滴在定義方面的不同。可是應用到人事上面去，尤其是很主觀的宗教意識上去，就不免會引起干戈了。

而對什麼事物都採取沒有明確的分界線（即中庸之道）的態度，固然在處理某些人事很好，可是在科學上就不能採用。而且在處事態度上很容易產生出差不多，或馬馬虎虎的態度。國學大師胡適先生還為了這種態度寫了一篇諷刺性的文章〈差不多先生傳〉呢！（在這篇文章中，這位先生什麼事都差不多，最後生病時，家人去請醫生，請錯了，請了一位醫馬的醫生來，開錯了方子，醫死了這位差不多先生。而這位差不多先生的遺言則是：醫馬和醫人也差不多。）

也許最後還要引用中庸之道來解決這個中西之間的不同的問題：不能完全採取黑白分明的看法，也不能採取黑白完全不分明的看法，要看情形而定。

互補原理

話說遠了，再談一下黑白分明演變出的問題。我在大學念量子力學的時候，用的是英文原文的教科書。在苦學之際，我覺得有一件無法解釋的疑難之處。這個疑難之來由不是因爲用了英文原文，也和那些複雜的方程無關，也和量子力學的基本觀念無關。讀到一枚電子在某種場合能呈波的性質，而在另一場合又能呈粒子的性質時，我也覺得並沒有什麼問題。

可是疑難的地方是，提到了這個電子的性質以後，書的作者又加上了一大堆關於這種二象性的解釋。當時用的字是一個哲學名詞 dualism（在物理中稱爲二象論，以與哲學或宗教中的二元論有別）。創立量子力學的人們甚至於採取了一種帶有道歉意味的口吻，解釋了爲什麼電子能呈波和粒子這兩種象的原因。其實也沒有眞的去解釋，因爲這是觀測到的現象，沒有理由的。就如你在街上看到一個人，不會有人去問這人爲什麼她是女人，或他是男人，因爲這是觀測到的現象，也不是這個人所能決定的。

量子力學教科書上對這個現象的「解釋」只是引用了量子力學祖師波耳想出來的一個原理，叫做互補原理。這個原理是很簡單的一句話，波和粒子這兩個性質是互補的。在做實驗的時候，如果去測電子的波動性質，就看不到電子的粒子性質。如果去測電子的粒子性質，就看不到它的波動性質。說穿了，就是電子性質有兩個象，每次去看的時候，只能看到一個，就如你看一個人的正面時，就看不到他的背影，反之亦然。當時覺得奇怪，疑難不解的是，這麼簡單的事，還要值得這位量子力學的宗師去講出來。

後來對西方的文化瞭解了以後，才理解到，在西方這是一個非常嚴重的哲學及宗教問題。（這個問題在中國的儒學中並不存在，或者即使存在，也沒有把它看得很重要。）在哲學中，原始的二元論以兩種不可化約的異質原理（這兩種原理可以互斥，也可以互補）去解釋某種過程，稱為認識論的二元論（epistemological dualism），或去解釋現實或某些概略的面向，稱為形而上學的二元論（metaphysical dualism）。我們經常聽到的身、心，也是二元的一種。在宗教中，可以把這二元認為是神與世界。可是一般說來，在西方幾乎都採取這個觀點：控制宇宙的二元是兩個超級對立的「派系」：一個是神，另一個是魔鬼。

這種二元的觀念由來已久，可能始於公元前七，八世紀的波斯。可是後來基督教的教義把這種二元論大加擴充，使得聖經中本來是不足道的一位「折翅天使」，他的名字是撒旦，變成了萬惡的魔鬼之王。撒旦第一次在《舊約》中出現的時候，是在〈約伯記〉第一章，撒旦奉上帝的命去巡視世界。可是撒旦像一位壞「特務」，專肆報告講人的壞話。上帝說約伯敬畏上帝，可是撒旦就進讒言，說「約伯敬畏神，豈是無故呢？你豈不是四面圈上籬笆圍護他的家……你賜福……你且伸手，毀他一切所有的，他必當面棄掉你。」於是上帝授權撒旦去毀掉約伯的一切以試探他。

在《舊約》中，猶太人只把撒旦寫成一位令人嫌棄的、專進讒言、小丑式的天使，並沒有把他寫成魔鬼。可是在《新約》中卻把他「晉升」成為偽裝成光明天使的惡鬼，為上帝及基督的死敵。後來就演變成和上帝對立的魔鬼，正式成為宗教上的二元，因而出現了基督教中的（極端的）二元論。③

一旦把二元論編入基督教教義後，西方就開始建立了任何事物都有兩個面向的意識，可是這兩個面向是不能相容、不能互補的。這種極端對立的二元論主宰思想的時間至少有一千六百餘年。（自公元三二五年君士坦丁大帝召開尼西亞大公會議創建天主教起到現在。）最初是應用到善神與惡神上面，成為基督教中上帝及基督和魔鬼的對立。可是後來的發展及程度似乎有點「走火入魔」。例如在中古時代的歐洲，盛行這個理念，認為既然有了一個基督，一定也會有一個相對的二元，即「反基督」（雖然在基督教聖經新舊約中都根本沒有提到過或暗示過有反基督這回事）。這個二元對立的觀念深深地滲入西方文化中，到二十世紀才開始消弭。甚至於馬克思的階級鬥爭觀念也含有這種原始二元論的意味：階級之間不能也不會有妥協，一定會有不斷的鬥爭。

容許多元

量子力學剛出來的時候，發現物質有兩象——粒子及波的性質。深深受到有高度宗教意味的原始二元論薰陶的西方科學家就不知所措了：如何去處理這又不代表上帝（善）

亦不代表魔鬼（惡）的粒子的兩象？是否要像宗教一樣，在上帝和魔鬼之間（波和粒子之間）選擇其一，而不可兼得呢？這時宗師波耳出現了，創互補原理，說粒子能呈波和粒子的象，可是在看到一個象的時候，就看不到另一個象。如果不去觀測，粒子和波都沒有物理上的意義。這個原理就把原始二元論的荒謬性摒除了。實際上，就是把二元論原有的兩個面向能互補的觀念重新引入而已。

波耳提出的原理最先的目的，乃是用來妥協在一九二〇年早期的發現：所有一切物質，包括光，都具有波及粒子的性質。互補原理的要旨，是認知一個事物能有種種不同的、甚至於對立的象，看你的觀點而定，就如一個圓柱形杯子在正著看時，呈的象是一個長方形，可是從頂上向下看去又呈另一個象（圓形）一樣。在看到某一個象（如長方形）的時候，就看不到另一個象（圓形）。可是不能說某個象要比另一個象更「正統」。任何一個單獨的象都是對這物體不完全的描述。不能把這些不同的象認爲是彼此之間的衝突。不作觀測的時候，談某物是某象是毫無意義的。

中國的偉大哲學家老子早已看到這點。他在《道德經》第一章中，說「無名」及「有名」這兩個觀念看上去是絕對對立的，可是都屬於同一體系。也許我們應當認爲老子是第一位把對立的觀念認爲也能互補的學者。④

現在，這個多元性的互補原理已深深地滲透到西方人們的意識中；最重要的一個對互補原理的接受（即使接受這原理的應用的人根本沒聽過這個原理）是對文化的多元性（diversity，多樣性）的認可。如果你把三、五十年以前西方的一般寫作和今天的做一比較，你會發現有顯著的不同——其中之一是，已經從唯我獨尊的基督思想體系轉變到對文化、宗教等多元性的承認、認知，容忍及對它們的存在的接受。一個很大的改變就是傳教運動的逐漸衰微（尚未消亡）。傳教運動的中心宗旨就是認爲基督教才是「眞正」的宗教，有一段時間甚至於還把其他文化的宗教稱爲「魔鬼」的宗教。其目的是想要說服其他文化去皈依外來的基督教。最盛的時代在十八、九世紀到二十世紀中葉。在許多文化中，這種傳教運動已經遭遇過太多的反感及反抗。現在第一世界國家中崇尙的是文化的多元性，即使這些多元性文化含有互斥的元素。

且再以現代文明的產物「電腦」爲例。電腦用的是黑白分明的邏輯。電腦中用的都是二進位的數學，只牽涉到〇與一。用這種二進位的原因是，〇與一可以代表邏輯中的A（一）和非A（〇）。整個古典邏輯（至少應用在電腦上的邏輯）都沿著這種A和非A的觀念打轉。可是在人機介面的地方就出了問題。

另一個方法是運用所謂的乏晰邏輯（fuzzy logic）。在這種邏輯中，把〇與一之間分成不同的等級，再打分數，把各種分數一起加起來，以總分來做決定。很像用學生的總平均來決定等級一樣。（現在應用乏晰邏輯的洗衣機、攝影機已經成爲商品。）

這麼說來，在某種場合，需要把黑白分明變成黑白乏晰化，或「馬馬虎虎」化，或胡適先生諷刺的「差不多」化。這又引用到中庸原理。純中庸原理會造成思維不清；純黑白分明會造成沒有其他的選擇。可是似乎很反諷，引用了中庸之道到中庸原理與黑白分明的問題上，卻得到了一個中肯的答案。

本書中引用一位物理學家說的話，可以用來作本節的結論：和眞理對立的不見得是異端，因爲眞理可能有許多不同的面向。如果早期的人們能認識這一點的話，許多歷史上以宗教爲旗幟的戰爭就可以避免了。

因果關係

無因不生緣，無緣不成果

——因緣果報，佛家語

本書花了相當長的篇幅講另一個深入塵世的科學觀念：因果關係。這是統治人間世界最重要的一個觀念，已深深地織入我們的文化中，從經濟到宗教到法律。其實因果關係在人類文化早期就已經存在，甚至於在動物之中也有很原始的因果概念。在地震之前，動物往往感覺到地面的微量抖動，因而感到不安。原始人發現，把繫了馬尾的棒子在天上揮舞，或者跳某種舞，或者殘忍到殺家畜或人來祭祀某神，「有時」可以造成下雨，因而認爲求雨就要做這些宗教儀式，他們認爲這些行爲和下雨（或其他要祈求的事）有因果關係。一直到近代邏輯建立以後，才有較明確的對因果關係的瞭解。

人人都知道有因果關係這個東西，可是問題就出在怎樣決定什麼是眞正的因，或者這個人說的到底是不是眞正的因。如果有兩件事先後發生，我們第一步的工作是認出這兩件事之間有相關性（correlation）。可是相關性和因果性不同。

本書舉了一個有相關性而無因果性的例子：鐵路局定出了火車時刻表，在計畫中火車應當準時按火車表的時刻發車及到達目的地。因此火車時刻表與火車準時發車及到達這二者之間有相關性。既然時刻表在先，火車開車在後，是否就能說時刻表是因，火車準時發車及到達是果呢？當然不能。如果這兩件事有因果關係的話，我們就可以達到這種荒謬的結論：可以把鐵路局取消；只要把火車時刻表印得更精確，例如加上到達時間的秒數，就能使火車更準時了。

因此如果我們觀測到有兩件事A、B先後發生，我們仍舊不能斷言它們之間有因果關係。我們要去尋求這兩件事是否由於另一件事C（因）所引起的，而A和B只是C引起的兩件先後發生的事而已。如果是的話，我們最多只能說，A和B之間有相關性而無因果關係。

自然界及人世間的事情以及社會學研究的對象，往往是非常錯綜複雜的，使得其間的因果關係成為一團極難解開的糾結，往往混淆不清。當然一個因可以產生許多果，可是最糟的是，一個果也能有許多因，而且常常不是一個單純的因所造成的。有一句常聽到的諺語把這個情況說得很清楚：「冰凍三尺，非一日之寒」；即一件事的因不只一個，而是累積出來的。許多謬論或不適當的政策往往來自把相關性和因果關係混淆。

一果必有一因？

佛家一直強調因果關係。中國古典小說中提到某事是命中注定時，往往加上一句「一飲一啄，莫非前生所定」的嘆語。當然，確有許多表面上看來有因果關係的事物，例如，把硬幣丟進飲料販賣機，飲料罐就自動出來。因此，可以說把硬幣丟進販賣機是因，飲料罐出來是果。可是在把硬幣丟入後，到飲料罐自動出來的這一段時間中，還有許多其他的因果步驟，而每一個因果步驟又牽連到許多其他的因果步驟。例如，硬幣丟入後，首先被電子設備檢驗硬幣眞僞，在這個過程中牽涉到不知數量的光子及電子，而這些光子、電子的行爲遵守的是量子力學中由機率決定的「不確定性」因果關係（見本書及下文）。檢驗合格後才以按量子力學運作的機械動作（所有萬物運作的基本原理都基於量子力學）釋放出飲料罐，而所用的電是從數百里外的發電廠輸送來的，從發電到輸電到把電傳送到這飲料機器之間，又牽涉到無數的量子力學不確定性的因果關係……等等，因而使得這個丟硬幣到飲料罐出來之間的簡單因果關係，變成非常不直接、而且很複雜。

再說，如果認準了每一事都一定要有一個因，這種想法很容易把我們帶到鑽不出的牛角尖去。本書舉了一個例子：如果你趕不上火車的原因是一場大風雪，而這場大風雪是兩星期前大西洋中的暖鋒造成的，而這個暖鋒則是風及太陽黑子的組合所造成，如此繼續推衍，可以一直推溯到宇宙的創生。而即使推溯到宇宙的創生，我們還是沒有到達終點，還再需要一個因。於是我們就陷入了一個永遠走不出的、因的後面還有一個因的牛角尖了。

即使假定有一個宇宙的主宰為最終結的因（注意，這僅是一種推諉，把最終結的因推諉到一個初始條件，而並沒有眞正解決這個因後有因的問題），還有一個困難：這個「一因必有一果」的邏輯把整個宇宙變成一部被因果關係注定的大機械，我們都是其中的一個小齒輪，我們的一舉一動（包括殺人放火的強盜的犯罪行爲）都是預先注定的。既然是注定的，就不是強盜的錯，因此可以把司法部門廢除了。聽上去好笑，可是這類的問題煩惱了神學家及哲學家不知道有多久。

再者，即使把量子力學摒除，似乎還有一些內在的因素限制住了因果律的影響範圍大小。現代的數學、物理、氣候及社會學的模擬都牽涉到很複雜的方程組。（人生是否有不複雜的事呢？）科學家發現了在這種複雜的方程組中有混沌（chaos）的現象，即在不牽涉到量子力學的古典問題中，似乎也有內含的不確定性。

爲什麼會這樣呢？這要談到簡單和複雜系統中，量變引起質變的問題。在一個簡單的系統中，例如二顆撞球相撞，其軌跡可以用極精確的數學方法表達出來。一位撞球行家幾乎能很完美地控制他打出去的撞球，能使被撞的撞球乖乖地落在他指定的那一個球袋。非但如此，還可以用母球撞另一球，再撞另一球，甚至於再撞另一顆球，使最後被撞的球落在袋中。換句話說，撞球的動力學幾乎可以用電腦解出它的牛頓方程，瞭解它的力學性質。一旦瞭解以後，只要擊的力和方向（及球的位置）都不變，再擊一萬次也可以得到同樣的後果。

把太空船送到數十億公里外，用的科技很複雜，可是運動方程卻相當簡單。送出去後，只要在途中作少量的方向及速度校正，就能把太空船準確地送到處於太陽系邊緣的海王星及其衛星的附近。

可是這種能預測的本領，似乎只限於類似撞球相碰及太空船飛行的最簡單例子。到了較複雜的系統，如氣候，這些方程就不靈了，至少在實用上就不靈了。似乎複雜性能引起一種使方程失靈的弔詭。以氣候為例，風雨雪等是大氣的現象，是由於空氣中的不同組成，如空氣、水分、雲、懸浮顆粒等等，受了陽光的能量及受地形、特性及地球轉動等的影響而造成的；而氣候方程中牽涉到的每一基本現象，都在實驗室中做過不知多少次的實驗，證實了每一個基本現象都遵守牛頓力學（及其他物理）定律。可是沒有一個人能成功地證明（即使用了最好最有威力的電腦）他能用決定氣候的方程組去預測天氣。為什麼呢？

其實在古典的牛頓力學範疇內已經隱含了「因不能確定果」的意味。可是我們只知道有這麼一回事，而不知道為什麼。從表面上（即從傳統的方程的定義）看來，只要能在這方程組中放進去一個初始條件，例如某日某時地球上所有地點的溫度、風向、氣壓等等，就能解出有無限精確度的解。可是近年來發現了混沌現象：在一個複雜系統中，理論會受到極大的限制。其意義如下：

如果要解出某合理精確度的解，例如在解預測氣候的方程時，只要求百分之幾的準確性，也會遭遇到以下的麻煩：要預測二十日以後的氣候，初始條件的精確度可能要達小數點以下十幾位數，例如溫度要準確到 10^{-18} 度。這非但做不到，而且會引起以下的弔詭問題：在巴西的一隻小蝴蝶把翅膀動了一下，這麼一動，在氣候上說來相當於把初始條件在風速的第十三位小數左右的地方改變了一點。結果這方程預測，三星期後在中國的青海會產生出一場大風暴。

當然這是荒謬的結論。可是這個在實驗室中百試百靈的方程，在一個複雜系統中就會呈這種弔詭矛盾性。我們到現在還不能掌握這種不確定性的混沌性質。

因此，即使在古典物理中也隱含了「因不能確定是什麼果」的不確定性。由於這種混沌性質，我們可以說，宇宙不可能是一部被「一飲一啄，莫非前生所定」的簡單絕對因果關係所注定的大機械。似乎每一因只有某一限度的影響力。因果關係似乎有一種內在固有的限制；在許多情形，都把因果關係的影響力限制於緊接著發生的事件（即在時空方面都有限制）。

量變引起質變

本書強調的是，量子力學又把確定的、簡單化的因果關係做了基本上的改變，變成了一個更爲「因不確定果」的關係。這是什麼意思呢？再舉撞球的例子，撞球的軌跡能被方程很精確地決定。可是在原子或粒子的微觀範疇中就不然了。由於海森堡的測不準原理，如果把一枚原子或次原子大小的粒子朝另一枚同樣大小的粒子一撞，你無法確定這兩枚粒子要朝哪一方向散射過去。你只能說朝某方向的機率是什麼。因此，如果有了一個因，能有許多果，可是沒有人能確定到底是哪一個果。

當然，如果你有了上億的粒子，你就幾乎可以確定有多少粒子要朝哪一個方向散射過去。就是說，牽涉到的粒子數目愈多，因果關係就似乎更爲確定。而我們接觸的事物都牽涉到上億億億數量的粒子，因此在我們看到的世界中有許許多多似乎很確定的因果關係。可是在骨子裡，這些因果關係其實都基於量子力學中的機率。就像拋轉錢幣，拋轉次數愈多，人頭朝上或朝下的機率就愈確定是接近百分之五十。

因此，在量子力學範疇裡的因果關係的理念，與我們日常生活中認爲的「有一因必有一果」的理念不同。因爲所有的物體遵守的最終結定律是量子力學定律，因此所有的物體都被量子力學機率性的因果關係所決定。而使我們日常生活中因果關係能有確定性的，似乎反而是我們日常生活中最不能確定的（隨機）機率。

我想就寫到此，要不然導讀就比本書長了。如我前面所說，這本書談的是「老生常談」，可是老生常談之成爲「常談」的原因，就是因爲這些題材和我們的日常生活有許多密切的關係。但是：如果把這些常談的細節忘了，只記得在舌尖上的智識，在某些場合就會造成困難。二元論便是一個例子。把二元論變成從舌尖上冒出的就是黑白、善惡、上帝和魔鬼的對壘，就會忘記二元論中的二元原先也是講求互補的。

【注釋】

①這個觀念是《淮南子》首先提出的。《淮南子》是漢高祖的孫子劉安（公元前179-122）率賓客及諸儒大師所著，綜合儒、道、法、陰陽、兵、小說家融合而成。劉安爲主編，現代的學者一般認爲本書的中心思想來自他。劉安精道家的煉金術，把當時民間已有的以醋凝結製豆腐的技術改進，用熟石膏代之，沿用至今。所以可稱他爲豆腐的發明人。

②魔鬼（devil）是西方的觀念。中國只有鬼。最早對鬼的定義來自《禮記》：「人死曰鬼」。鬼是能做小惡作劇的「妖魔」，因爲所有的鬼在理論上都被閻羅王管，因此做惡作劇的鬼最多只能看成流氓地痞之流。可是西方的魔鬼卻能和「萬能」的上帝抗衡；也有自己的領域，即一般人稱爲的地獄。見正文及注釋③。

③因爲西方的基督教大規模傳到中國很遲，因此中國傳統儒學家很少有對這二元論的討論。可是在清末劉鶚（1857-1901）所著的，可稱爲中國第一部政治小說的《老殘遊記》中有一章（第十一回）討論到這個二元論的問題。作者借黃龍子的口，說出他對「萬能上帝」的看法：「……不但佛經上說，就是西洋各國宗教家，也知道有魔王之說……」阿修羅（佛經中的魔王）隔若干年就和上帝大戰一次，戰敗後若干年又來一次。「試問，當阿修羅戰敗之時，上帝爲什麼不把他滅了呢？等他過若干年，又來害人？不知道他害人，是不智也；知道他害人，而不滅之，是不仁也。豈有個不仁不智之上帝呢？足見得上帝的力量滅不動他……」

④爲了避免斷章取義之嫌，錄老子的原文如下：「道可道也，非恆道也；名可名也，非恆名也。無名萬物之始也，有名萬物之母也。故恆無欲也以觀其眇，恆有欲者以觀其所噭，兩者同出異名，同胃玄之有玄，衆眇之門。」（一九七三年馬王堆出土的漢朝版本老子《道德經》，爲所有版本中最原始者。）

物理與頭腦相遇的地方

目錄

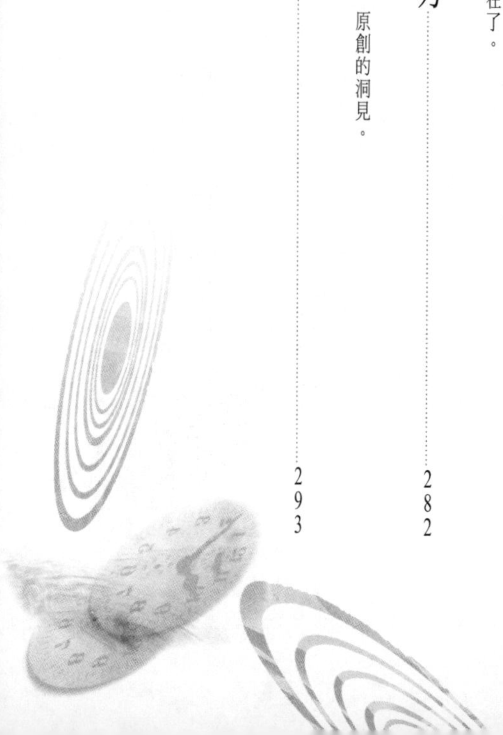

前言

生活在太空中

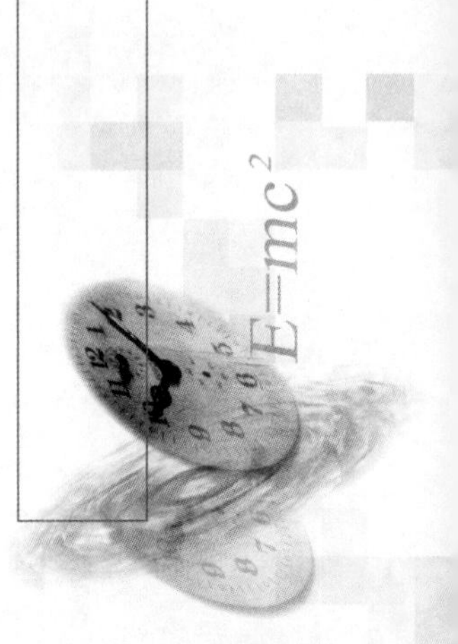

物理的書都充滿了複雜的數學公式。可是思想及理念，而非公式，才是每一物理理論的開端。

——愛因斯坦及殷菲德（Leopold Infeld），《物理之演化》①

科學的發現，這個偉大房屋中的新房間，已經改變了人們對於牆外事物的看法……我的論題是，（這些發現）眞的給了我們有效、有關聯且亟需的類比，去瞭解現今科學領地或疆界之外的人類問題。

——羅伯．歐本海默，《科學與一般性的瞭解》②

科普作家一直都在宣稱某類事件的深刻重要性，如宇宙最終的命運，或者在（宇宙創生）最初一兆分之一秒時發生的事件。我們把這些寫下來，好像人們都和諺語說的一樣，不安地坐在椅邊，焦急地等待，希望儘快知道質子是否會（在10^{32}年後③！）自行衰變，或者微子④內部是否有神神祕祕放進去的一些質量。我們使他們屏息等待著這類的奧祕，如搜尋頂夸克或宇宙常數⑤。有時我不禁要想，有多少讀者早上起來，睡眼仍舊惺忪，正掙扎著去找襪子來穿的時候，心中不免起疑，有必要把這些遠不可及的宇宙角落看得這麼重要嗎？

確實，重要性並不很明顯。

可是宇宙大尺度構造中的生動奧祕以及原子的內臟，和我們之間的關係遠比我們想像到的要大得多。科幻小說把太空旅行去的地方描述成，似乎這些地方有奇異及外星情調的景色，是遠而又遠的星系所在地，那裡可能是古怪生物的家。然而我們多水的世界整天整夜地就在太空中打轉，而那些古怪生物之中至少就有我們——大體的組成是血肉及骨骼，這些血肉骨骼的最根本組成則是夸克。

太空不是外星人的土地。內太空（原子內部）也不是。它們是我們居住的地方。

更引人矚目的也許是，科學的理念幾乎已經溜進了我們文化及語言的每一面向。我們說，人們（就如磁石似的）互相吸引或互斥；我們也說，習性的力量、因果、無序、量子躍遷、時間及空間。我們的語言中已大量撒進了科學的隱喻；而科學語言中，也不可避免地滲入了日常生活印象的用語。

大多數的科學家都很有理由去懷疑，是否這種嘗試有可行性，亦即：把他們很精確下了定義的理念用在捉摸不定的人類事務上。就像許多科學家認爲的，科學與人文之間已經遭受了令人心痛而且也不自然的隔離。然而，科學不僅是一些事實的綜合；科學更是許多理念的綜合體，這綜合體形成了我們的文化脈絡，我們透過這脈絡去看這個世界。科學影響了幾乎所有環繞我們的事物，也受到這些事物的影響。這些事物包括從宗教的角色到奴隸的地位。

科學和哲學密不可分

科學以「自然哲學」啓端。在十七世紀時，當所謂的科學革命產出這些預兆性的作品，如刻卜勒的《世界的和諧》及伽利略⑥的《星星報信者》時，當時的人們認爲這些新發現是一種「新哲學」，這也不應當使我們感到驚奇。哲學家及科學家二者都關心事物的因，而且都有要問的問題：爲什麼事物是如此而不是那般？爲什麼它們的行爲是這樣而不是別樣？

近年來科學家已經多少失去了他們也是哲學家的地位了。許多人從技術的角度來看科學。可是歷史顯示出，科學一直都是人類思想的塑造者。例如去世不久的物理學家玻恩⑦所指出的，「有人說任何時代的形而上學（metaphysics）就是前一時代的科學的後代。如果真是這樣，這就使我們這些物理學家負有這個責任，要用不太技術性的術語來解釋我們的理念。」

當玻恩在二十世紀早期寫這些話的時候，許多他的同儕也在同時嘗試著把自己在科學上所做出的革命成果的哲學涵義，解開纏結及作成解釋——這些騎在相對論及量子理論浪頭的革命，完全改變了我們對每一事物的看法，從時間到空間，從能量到物質。

也許關於愛因斯坦理論最好的科普書是一九四八年出版的《宇宙及愛因斯坦博士》，巴涅特（Lincoln Barnett）著。這書出版的時候愛因斯坦仍在世，而「新物理」的一枝一節仍舊在一步一步地闡明中。（當然，它們還在不斷地闡明中，可是當時有一種感覺，這些題材還太新，因此需要更多的探索及解釋。）在自己的序中，巴涅特解釋他寫這書的原因：

在今日，大多數的報章讀者大約模糊地知道愛因斯坦和原子彈有關，除此之外，他的名字簡直就是「深奧玄妙」的同義字……許多大學生仍舊認爲愛因斯坦是某種數學超現實主義者，而不把他看成，在我們緩慢掙扎著去瞭解物理世界的嘗試過程中，一位極重要的宇宙定律發現者。這些大學生可能不瞭解，相對論除了在科學上的重要性之外，還構成了一種主要的哲學體系，這體系增大了偉大的認識論者，如洛克、柏克萊、休謨等人的深思反省⑧。

科學和哲學不可分的這個理念，就是在這書中不斷出現的命題。

不過是一些老生常談

另一個很明顯的偏見是某種偏愛，物理學家維斯可夫⑨稱爲「老生常談」。大致說來，這本書不涉及黑洞，或者夸克，或者反物質，或者高溫超導體，或宇宙之命運。本書若觸及這些事物，純粹因爲這些事物本身就是很有趣的。可是專注於這些事物，卻很容易變成去提倡這個感覺：科學是在我們日常生活之外的事物。然而科學並非「遙不可及」，並不比你「朝窗外看，訝異於爲什麼一棵樹會按某種方式分枝？或者訝異於爲什麼天是藍色的？（一個古老但還是很聰明的問題）⑩」，更加不可及。

我喜歡老生常談的原因是，可以用已有的知識及器材去瞭解，例如，搭乘一架民航機。每年約有十來次，我變成這些「太空」旅行的旅客，在四萬英尺的高空上飛行，我總是被噴射機時代古怪的飛行特性所驚愕住；有看不見的力，無絲無縷地把我搭乘的五十萬磅重的飛機托住。下面的地球不再是一個世界，而是一顆浮在太空中轉動著的藍寶石似的球，上面遮蓋了一些似不確實的薄雲紗。從這裡展望，你可以淸楚看出地球的曲率，你會對這曲率居然這麼小而感到驚奇——就這麼一個柔和的陽光照耀著的小藍點，浮在黑暗的虛無中。

我可以朝上看，而看到的是，我的頭幾乎要碰到太空的頂；若再上去個約四萬英尺的高度，我就在白日黑暗中，變成一位火箭女。我向下看，看到的是冒氣泡的雲團組成的大氣鍋，偶爾有一個不友善的山尖冒出來。我們似乎在一片憤怒的大海上浮掠過，我認爲很難置信，纖弱的生命體居然能在底下這種環境中生活，更不必提去打造那些巨大、噪音四發的金屬蚱蜢，就像我正在乘坐的這一隻，能把人們載起，從一座機場跳到另一座機場去。

多年前，和我六歲的小兒一起旅行的時候，我看到下面地球表面上大而廣、像打翻的牛奶形成的白色鹽漬區——地球之鹽時，我發出喔喔的驚訝聲。我看到洛磯山脈上鋸齒狀的山脊，把整個大洲一切爲二時，我看見了爲這個藍色血液的世界帶來生命的蜿蜒河脈，深深蝕刻出河谷，深到你幾乎會感受到這顆活行星被蝕刻這麼深時所感覺到的疼痛，也不禁發出了啊啊的驚訝聲。我的兒子則專心注神在看電影。我不能自制，因此我催促他去看一眼。他似乎一點也不感驚奇，只模糊地表出一些興趣。最後我問他，他認爲是什麼東西把這飛機及機內的數百乘客托在天上的？他以向一位小孩解釋的口吻答說：「當然是空氣。」

當然！

就在這時候，空中小姐來了，要我把窗屏拉下。她說，別的人想要看電影。可憐的地球，我這麼想。到處都有被彗星打出的麻斑及皺痕，被風及雨磨平了的皺痕，可是令人不能置信的是，一片片的新綠植物就在這裡那裡長出，在舊的灰燼上冒出。可是沒有人來讚美妳那有尊嚴的美，還要說事物如此是理所當然的！

別怕問天眞的問題

藝術家米勒（Bob Miller）喜歡問下面的「科學」問題：你如何能把十萬噸的水托在稀薄的空氣中，而不用到看得見的支架？答案：「造一朵雲。」

梭羅⑪知道大自然是一位「巫師」，可是我們似乎已經忘卻了。「一顆毫無生命的行星逐漸演化，最後達到了有綠葉的至高點，」博物學家愛詩禮（Loren Eiseley）這麼寫道：「目前，這個高高地懸浮在大洲上空，被改變過及加了氧的大氣，邀請動物幻影似地從無中出現，而這些動物的組成則是以往毫無活力的泥土。只有在長期的觀察後，一雙老練的眼才學會把這些事件認爲是自然而然的，不是奇蹟。」

偉大的英國物理學家法拉第⑫這麼敘說：「沒有哪個事物的奇妙性，會大到不能認爲它的出現毫無眞實性的地步。」麻省理工學院教授莫里遜（Philip Morrison）在一本以法拉第的話爲名的書中，把它推敲成下文：

> 法拉第有說服力。沒有哪個事物的奇妙性，會大到不能認爲它的出現毫無眞實性的地步：這些事物包括單個土球及其他所有類似的土球（會被重力朝中心拉去）；包括所有看不見的木星的衛星；包括單一形式的神經衝動，無論其內含的訊息是視景或聲音；也包括可見的宇宙中似太陽的星球的數目，多到可以讓每一個活著的人都可以擁有千億個太陽的地步；甚至包括這個慢而持久的大陸漂移，把印度從南方的冰區移來和亞洲相撞，在相撞的地方聳出這座巨大的喜馬拉雅山脈。

而這些，包括每一個奇妙的細節，都是「老生常談」。可是還有一些更基本的原因使我專注於日日遇到的「老生常談」：在科學的最前鋒，最奇妙的事往往只是把日日遇到的科學奇妙處，加以潤色修飾而已。譬如，黑洞的底部就是重力。事實上，黑洞僅是當重力的拉扯達到極端的情形時，一種對重力的看法而已。而重力本身則是一個深奧待解的謎。

同樣的，超冷材料的行為有時似乎很超自然：所謂的超流體（superfluid）只能在絕對零度（攝氏零下二七三度）附近存在，能向上流，流出瓶外，再向下流到瓷瓶的底；另有所謂的超導體，電流能在材料中永遠流動，似乎不遭遇到一絲一毫的阻力。

在溫度最熱的那一端，物質的表現似乎也很奇怪。原子瓦解，形成超高熱帶電的離子體（電漿），能點燃核聚變之火，就如在太陽的中心一樣。為了要馴服這些不可捉摸、熱不可觸的氣體，物理學家製造了巨大的磁場組成的瓶子，可是這些離子體太滑溜了，很不易把它們關起來。恆星的燃料就是離子體。在更高熱的溫度下，物理學家希望能創造出所謂的夸克—膠子離子體（膠子是傳送夸克間作用力的媒介），這就是太初宇宙渾湯，世上的一切物質都從它凝結出。

可是，這些物質的奇異形態也不過是普通物質的各種不同態——從固態到液態到氣態的延伸而已。而且，要能鑑賞超導體或太初宇宙渾湯的奧妙，不可能不先去瞭解水是怎樣結冰或化為蒸氣的。

有些人說，重力及物質的不同態這一類的題材，已基本到引不起任何興趣的程度。今日的人太老練了。可是令人驚奇的是，即使在這個最摩登及高科技的社會中，還是非常容易變得無知。我的物理學家朋友喜歡這麼說：「我們之中大多數的人，對於每日接觸到而不瞭解的事物，數目之多，就和古代的希臘人（約二千年前到三千年年前）或巴比倫人（約四千年前）一樣。可是我們學會了不去問這些問題。我們不問汽車動力方向盤的工作原理，不問如何去製造小兒痲痹疫苗，不問在把柳橙汁冷凍時要牽涉到哪些步驟。後果就是把我們放在這麼個令人不解的弔詭位置上，科學成就的一個後果居然是把好奇心洩了氣，把好奇心抹煞了。」

如果簡單的科學是無趣的話，可能是因爲我們在問那些很「明顯」的問題時，會被人恥笑。我們還不能確實地知道，月亮的起源是什麼，或者地球上的生命是怎樣來到的，或者爲什麼質子會比電子重。我們不知道人們爲什麼會對音樂有反應，不知道明日在明尼亞波利城會不會下雨。我們不知道邪惡的特性，或者把夸克膠在一起的力。

布羅撓斯基（Jacob Bronowski，數學家、文學家）在他的書《人類的攀登》中這麼寫道：「像牛頓或愛因斯坦這一類的天才之成爲天才的原因是：他們問很明白、很天眞的問題，結果是，這類問題的答案卻是驚天動地的。愛因斯坦是能問極爲簡單的問題的人。」

科學當然是文化的一部分

很顯然，這本書要描寫的是科學在實用及哲學上的成果；這本書也讚頌了我的物理學家朋友喜歡說的，「科學的情感成果」。

「科學非但實用，」他說：「科學也決定了我們如何思考及感受。宗教一直都包含了一種對自然的看法。即使基督教聖經也以一段對宇宙論的討論，做爲開始。在今日，這類關於自然的思想主要都來自科學。它們永遠是富有幻想力，難以置信的。可是今日的人們只歸功給科學一個有限的角色。他們繼續把藝術和音樂談成文化的一部分，卻忽略了這個事實：我們對自己的看法以及對我們世界的認知是什麼，這在文化中也應當占有同等的重要性及地位。」

幾乎三十年前，我坐在前蘇聯的工業城卡爾可夫（Kharkov）的一間小旅社裡有霉臭味的門廳中；我才剛從一個集體農場回來。在這個小而不舒服的門廳裡，有一小群美國人和俄國人侷促不安地擠在一起，看兩個美國太空人在月球上漫步。這個螢光幕上的影像模糊到幾乎看不見，可是很明顯地，俄國人也同美國人一樣，深深被這第一次的地外漫步打動了。對所有在場的人來說，這是極爲深刻的感受，就像第一次用了好的雙筒望遠鏡看到木星的月亮或土星的環一樣。

按照科幻小說作家艾西莫夫（Issac Asimov）的說法，即使在美國航太總署（NASA）把我們推到這個世界以外的地方之前，望遠鏡的發明已經「戲劇化地把我們的『文化』歷史改變了，」（『』是艾西莫夫加上的）：「當伽利略用望遠鏡去看月球，看到山、隕石坑及『海』的時候，這就是支持有多元世界存在的鐵證。地球不是唯一想像得到，可以讓生物生存的物體。」望遠鏡把我們對宇宙的觀點擴大到「使得這個早年以前築成的、以人爲中心的、罪與被拯救的戲碼⑬，與這個新宇宙一比較之下就毫無價值了。」終於斷然地把人類從宇宙舞台的中心點拉出去的，就是望遠鏡。雖然遠在公元前三世紀，有些人就已經想出是地球在繞日（而不是反過來日繞地），可是這個看法要等到哥白尼之後多年，大約在十六世紀左右，才納入普羅文化中。

傳統的價值觀是把地球放在萬物的中心，宇宙是爲了我們而存在的。想一想，對一般人的宿命、個人的責任感及敬畏心來說，這帶來的是什麼樣的意義。

瞭解之後，更加謙卑

可是從某方面來說，我們從科學方面學到的東西證實了，地球占的地位更爲中心了——那是因爲生命的似不可能性，使得生命更爲可貴。製造我們的材料曾在爆炸中的星球裡冶煉過。我們曝曬在一個第二代的恆星——太陽——光芒之下，我們的行星的組成來自稍被外來元素污染過的原始氫氣雲，這氫氣雲形成了我們的太陽系。我們多岩石的家是沈到底的沈積物（其實是沈到中心，「底下」是朝地球中心的方向），在那時候，輕的元素不是被吹走就是沸騰而去。只有當早期的細菌把它們的環境以一種稱爲氧的

「毒素」（對它們而言是毒素）污染後，陸地上的動物才能興起。

這類知識不見得會使我們多少更自感謙卑一些，可是按我這位物理學家朋友的說法，「卻把我們謙遜的性質改變了。」

仔細看一看那似乎靜止不動的宇宙。這麼的仔細一看，就看出了它充滿著令人暈眩的變化；即使恆星也會用盡它們的資源而死，然後再生。可是在數世紀前沒有人知道，有時恆星會在暴亂中出生及死亡，這個宇宙仍在不停演化中。在伽利略的時代以前，人們簡簡單單地假設我們今日看見的星球，就是在創世時已經存在的同樣星球；同一星球會永存。

在大小尺度的另一端，二十世紀發展出的量子理論把「原子和撞球一樣」的觀念擊破了，也摧毀了「它們的一行一動都是預先注定」的觀念。在原子的核心有極大的不確定性；「因果」關係看上去似乎很簡單，可是卻具有極度的複雜性及富饒性。結果是，今日對事物的看法已變成：它們很易變動，不像在牛頓時代的看法——一個如鐘的機械，死板板地早已注定如何運轉的宇宙。

達爾文令人畏懼的（在有些角落還是禁止提起的）果實就是，物種和星球一樣，也會改變。在地球上，生物的形態不是不變的。我們就如宇宙一樣，一直在演化中。如果我們從何處而來、我們祖先的外貌是怎樣的……這類問題，並不是導致我們的心靈受到擾動的爭論點，那麼嚴格按基督教聖經字義解釋的神造論者（creationists）對達爾文的學說，也許就不會起了那麼大的激動。

即使是單純對於物理作用力（如重力）的看法，也會對我們如何看待自己的方式，帶來深刻的影響。十七世紀時，牛頓的萬有引力（重力）理論曾引起一場文化上的風波，不是因為他「發現」了重力（每一個人都知道物體會向地球下落），而是因為他發現了重力是無處不在的（萬有）。在他之前，人們假定地球上的自然律和天上的自然律基本上完全不同。牛頓證明了，蘋果的向下落及月球的軌道都被同一作用力所控制。

從這意義來說，去月球探險和擊破原子的需要，和我們對自然博物館的需要是同等級的：科學讓我們掌握到我們是誰，以及我們如何能在宇宙萬物的體系中占有一席之地。要瞭解我們在太陽系的地位，必須先瞭解太陽在太陽系的地位、天上的循環週期、元素的性質，以及生命的似不可能性。如果我們學習到的，會使我們對自己的限度及潛力感到些許暈眩的話，也只好認命。科學給了我們對尺度的認識、對限度的認識、對透視的讚美，以及對不確定性的忍受。

不能什麼事都講求功利

我所讀過的對這些意見的最好總結，來自威爾遜（Robert R. Wilson）。他是一位雕塑家兼物理學家。他負責監造座落在芝加哥附近的費米國家加速器實驗室裡的巨大原子擊破器。有一位參議員不斷地質詢，要求知道去探測質子，對國防有什麼用途：

「有沒有任何和這個加速器有關的東西，涉及國家安全？」這位參議員問。

「沒有，先生，我相信沒有。」威爾遜博士回答。

「在這方面眞的一點價值都沒有？」這位參議員又問。

「它只和我們人民之間的互敬、人民的尊嚴、我們對文化的愛好有關。它與以下這些事物有關：我們是不是好的畫家？好的雕塑家？偉大的詩人？我的意思是，在我們這個國家中，這些都是我們眞正崇拜仰慕及尊重的東西，使我們愛國的東西。

「在這種意義下，這些新知識和尊榮、國家有關，可是它和防衛我們的國家沒有直接的關係——除了能使這個國家變得更值得去保衛。」

【注釋】

①譯注：《物理之演化》（*Evolution of Physics*）此書在一九四〇年代出版，是愛因斯坦科普書籍中最有名的一本。

②譯注：羅伯·歐本海默（J. Robert Oppenheimer），1904-1967，曼哈坦原子彈計畫主持人，「原子彈之父」，曾任普林斯頓高等研究院院長。舊金山探險博物館創辦人法蘭克·歐本海默（Frank

Oppenheimer）之兄。

③原注：十的三十二次方是一後面跟著三十二個零的數目。要給你們一個這數目有多大的觀念，想一下一個billion（十億）是一後面跟著九個零。物理學家認爲宇宙的年齡爲一百五十億年。要等一枚質子衰變可以說是等於「守株待龍」。

④譯注：質子（proton）爲基本粒子之一，氫的原子核。從經驗上看來是穩定的（依物質不滅定律）。但有人倡論說質子會自行湮滅，其半衰期有一陣子被理論推斷爲10^{29}年。可是實驗已把這半衰期推到至少10^{32}年以上。微子（neutrino，又稱微中子）是基本粒子之一，是核子衰變後的副產品，可能有很少的質量（也許少到電子質量的十萬分之一以下）。見後文。

⑤譯注：頂夸克（top quark）是最近才發現的基本粒子。夸克爲帶$1/3$電子電荷的整數倍數的基本粒子，質子及中子都由夸克所組成。夸克共有六種，最後發現的是頂夸克。宇宙常數（cosmological constant）是愛因斯坦方程中的一個常數，代表宇宙級的斥力。愛因斯坦發明了宇宙常數，以茲解釋當時人們認爲是靜止的宇宙。後來發現宇宙正在擴張後，愛因斯坦自責，稱爲是他「一生中犯的最大錯誤」。可是最近發現，宇宙常數可能眞的存在，因爲需要這常數來解釋宇宙中似乎存在的斥力。有些在宇宙學方面工作的天文物理學家，稱這發明爲「愛因斯坦最燦爛光輝的發明」。

⑥譯注：刻卜勒（Johannes Kepler），1571-1630，德國天文學家，發現行星繞日運動三定律，爲牛頓力學的基礎。他認爲宇宙是和諧的，他把他的發現以樂譜表達出來，因此以和諧爲他的書的名。伽利略（Galileo Galilei），1564-1642，爲現代物理始祖，因爲鼓吹哥白尼的地球繞日理論，遭受天主教教會迫害，一直到二十世紀末才得平反。

⑦譯注：玻恩（Max Born），1882-1970，原籍德國的英國物理學家，對量子力學的研究有卓越貢獻，

特別是對波函數的統計解釋，一九五四年諾貝爾物理獎得主。

⑧譯注：認識論（epistemology）爲哲學的一支，研究人類知識的起源、性質、方法、及限制。洛克（John Locke），1632-1704，是英國哲學家；柏克萊（George Berkeley），1685-1753，愛爾蘭哲學家；休謨（David Hume），1711-1776，爲蘇格蘭哲學家，他們都是認識論哲學的大師。

⑨譯注：維斯可夫（Victor Frederick Weisskopf），曾任歐洲粒子物理研究中心主任，見後記〈推動力及影響力〉。

⑩原注：許多年前，我的小兒問我一個稍加改過的同樣問題：空氣的顏色是什麼？再三思索之後，我們最後想到這個答案：藍色的。空氣呈藍色，因爲天空（組成爲空氣）是藍色的。也就是說，因爲一團團的空氣分子對日光中藍色光的散射要比其他顏色的光爲甚。空氣看上去不呈藍色的原因只因爲在很小的空間中，沒有多少的空氣。（你也許可以這麼說，空氣呈非常、非常、非常、非常淺的藍色。）

⑪譯注：梭羅（Henry David Thoreau），1817-1862，美國博物學家及教育家，思想近老子，曾在華爾頓湖過自耕自食的生活，著有《湖濱散記》（*Waldon*）一書。

⑫譯注：法拉第（Michael Faraday），1791-1861，學徒出身，自習成爲當時最偉大的物理學家之一。一八三一年，法拉第成功證明了電與磁只是一體的兩面，兩者合稱爲「電磁」。

⑬譯注：指在中古時代控制了歐洲人民思想的基督教中心思想，相信人有原罪，信了耶穌基督就能得拯救進天堂（基督教聖經說第一對夫婦亞當及夏娃不聽上帝的指令，吃了禁果——蘋果，因而被逐出天堂，這是第一次不服從上帝，因而稱爲原罪）。

第一部　求知的藝術

在企圖理解實情時，我們就像是想去瞭解手錶的機械裝置的人：雖然看得到錶面和會動的指針，甚至於聽到滴答聲，卻始終沒法把錶蓋打開。如果他夠聰明，可能會想出某種機械裝置的心像，來解釋觀察到的東西，可是他永遠不能確定這心像是否是唯一的解釋。

——愛因斯坦和殷菲德，《物理之演化》

第一章 科學如隱喻

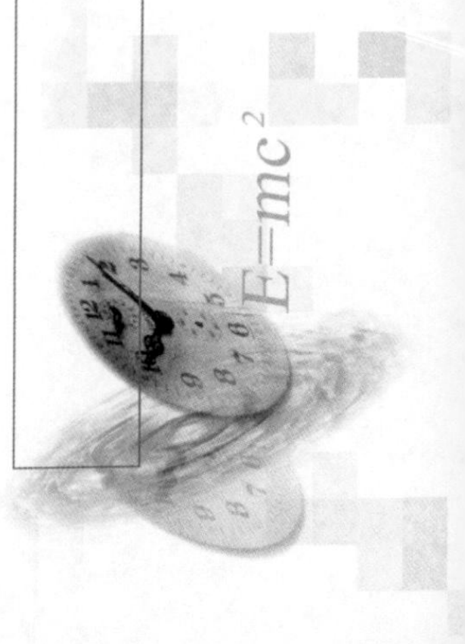

在哲學、科學及感觸的最前沿經驗上，不可避免的，要去摸索出一種新語言，用來爲這些剛注意到及正在瞭解中、還不穩當的新東西，賦予精確的意義及心像（image）。

——法蘭克・歐本海默①

歐本海默在探險博物館介紹一系列關於「詩及科學的語言」的閱覽時，寫下了前面這段話。詩和科學？眞奇怪。可是如果你讀了波耳②某一回寫下的話，就不會感到奇怪了。波耳寫道：「在原子這方面，語言只能以在詩中的用法來應用。詩人也不太在乎描述的是否就是事實，他關心的是創造出新心像。」

畢竟科學牽涉到的多半是去觀看看不見的事物——非但夸克及似星體，甚至於光「波」及帶電荷的「粒子」，磁「場」及重「力」，量子「躍遷」及電子「軌道」等。事實上，這些現象之中沒有一個是嚴格地按字面意思表達出來的東西。光波在眞空中傳播時，不像池溏中的水波一樣上下波動；場（field）不像一片充滿了乾草的場地，而是力的強度及方向的一種數學描述；原子並沒有照文字上說的，從某一量子態跳到另一量子態去；電子也不是眞的繞著原子核走圓形軌道，就如愛情也不會按照文字所描寫的，造成心痛一樣。

我們運用這些字的方式是隱喻（metaphor）：以我們熟悉的材料爲模，再加上幻想爲型。物理教授紀安可利（Douglas Giancoli）這麼寫道：「當物理學家說電子像粒子，他用的是隱喻式的比較，就如詩人寫愛情像一朵玫瑰花。這兩個心像，都用實質的物品，一朵玫瑰花或一個粒子，來闡明抽象的理念，愛情或電子。」

試看一堆有字天書

幾世紀以來，科學隱喻的形態已有很多種。最近，物理學家努力想去瞭解宇宙中某種斥力的新證據，你可以聽見他們在這些詞，如「精華」③、「X物質」、「平滑物」、「怪能量」中翻來覆去。出現的景色愈複雜，他們就愈要伸展開，去尋覓適當的幻想語詞來描述。可是這些語言的古怪性，並不比科學家用來描述難以形容的物體的專有名詞更為甚。

以下是十七世紀的培根④對熱的描述：「熱是一種擴張的行動，不分布於物體的整體，只存在於其小部分，同時又互為制衡、互斥、被擊回，因而物體會有一種不同的運動，永遠在顫抖中、掙扎、被迴響所刺激，因而從這些顫抖、掙扎、迴響中能冒出火及熱的威猛。」⑤

而牛頓對我們現在認為是化學反應的描述則為：「關於某種最微妙、瀰漫及隱藏於所有整體物質中的精靈，我們應當說，有某些力及作用，它們能使物體振起精神，使粒子在近距離中互相吸引，如果鄰接，則能緊密地結合……而可能還有別種能在小到無法觀測的距離中作用的……及能在長距離起作用的帶電物體，以及能斥開及吸引鄰近的物體；能發出光、反射光、折射光、調節光，及使物體加熱；所有的感覺都能被觸發、受激，及…… 沿著神經的固體線絲傳播。」⑥

再看厄司特⑦在十九世紀早期對電的心像：「電的衝撞只在物體的有磁部分有功效。所有不帶磁的物體似乎都能被這種電的衝撞所穿透，而帶磁的物體，或它們的磁粒子，能抵抗這種電衝撞的輸送。因此它們能被這些相爭的力所衝動。」⑧

拿這些和一篇現代論文中倡議某種「暗物質」⑨的摘錄相比。這篇論文是物理學家鍾氏（Daniel Chung）、柯伯（Edward Kolb）及利奧托（Antonio Riotto）所寫的，「本論文之目的是論證宇宙可能是由一種超重的大質量弱作用粒子⑩組成的（我們把這粒子稱爲X粒子），其質量比弱作用的規模要大上好幾個數量級⋯⋯要看眞空選擇效應及其尺度因子可微分性在產生出的X密度的大X質量之行爲，我們要開始把以下的作用形式（座標爲$ds^2=dt^2-a^2(t)\ dx^2$）量化⋯⋯」

科學家詞窮了

科學關心的主題非但經常無法由肉眼看到，也無法感觸及，無法量度，而且有時還想像不到。唯一能檢視這些難以捉摸的實體的方式，就是把它們按尺度放大或縮小，或者賦予它們視覺化的心像，使我們至少暫時得到掌握它們的方法。可是甚至早在一八八二年，物理學家兼律師司大羅（Johann B. Stallo）就已經說了，目前的宇宙模型只是「推理小說」，是一個在瞭解它時有用的工具，可是最後也只能把它們看成物質世界「象徵的表相」而已。

當我們談到科學的時候，就如同談到許多其他的事物，竟發現自己眞的詞窮了，因此就出現了隱喻。植物學家布朗⑪首先注意到懸浮在水中的植物孢子（芽胞）做疾速、無規的運動（現稱爲布朗運動），他把這現象稱爲一種「塔朗特舞」⑫。按照物理學家加莫夫⑬的說法，布朗把它擬人化爲「神經過敏的行爲」。（布朗運動是第一個令人信服的分子存在的證據，因爲孢子被水分子撞擊後，產生了舞蹈式的運動。）

後來加莫夫把X射線描述爲許多種不可見光的混合體。「當運動中的電子被（靶）止住時，它以很短波長的電磁波形態吐出能量，像一枚槍彈射在鋼甲上所發出的聲音一樣。」因此在德國，這種光被稱爲制動輻射（bremsstrahlung）或煞車輻射。

有時這些隱喻很容易混淆。許多光的混合體稱爲白光，可是我們也把聲音的混合體稱爲白噪音（white noise）。我們說某色彩很「響」（loud，如大紅大紫），稱發芽中的洋芋爛了，而發芽（seedy）的眞意乃是有繁殖力，因爲從種子能長出新植物。在不同場合，宇宙被描述爲泡沫、虛無，或爆竹。時間爲流體或粒狀，或二者兼有。如果你聽上去好像科學家不知道他們在說什麼話，至少有部分原因是，在把日常語言翻譯爲科學用語時，一大把意思都失去了。

去想像看不到的事物是件難事，因爲想像的意思是在腦中已經有了視覺化的心像。而對一件你從來沒有看過的東西，你怎會有一個心像？就如知覺一樣，科學模型同樣已經嵌入了我們對世界的複雜觀感，也就是所謂的文化。想像一下（如果你能這麼做），如果人們仍舊認爲原子的模型和行星一樣，電子繞著原子核轉，如果人們還認爲地球是平的。能不能呢？

因爲我們已經有了這些事實的心像，因此再也無法想像這些和既有心像不同的形態。「對我們說來，模型或圖像之能有意義，乃在於它是由已經在我們腦中存在的理念所組成，」物理學家京斯⑭這麼寫道。偉大的遺傳學家霍登⑮首先注意到，自然內部的結構「非但比我們假想出的要怪異，而且比我們能夠假想出的還更怪異。」

科學用語也不能免俗

因爲不能假想宇宙眞正的形態是什麼，我們只能依賴自己很覺得自在、可是有相當限度的模型。這些模型的形象不時在改變，後果是，我們對宇宙的看法也一直在大幅改變。從牛頓的機械式模型（以不可見的滑輪及彈簧所控制的宇宙模型）到現在的模型之間，已經有一大段距離了；現在的模型中，力的心像是空間中的皺痕，物質的心像僅是能量的振動細絲，物質世界乃是一個更高的十一維空間中的影子。科幻作家艾西莫夫這麼寫道：「科學理論傾向於符合我們時代的智慧時尚。」

艾西莫夫更進一步去談一個具體的例子，原子。這例子很好，因爲實質上我們仍然看不見原子。擅長幾何學的希臘人，主要以形態來表達原子⑯：火的原子是鋸齒狀，因此火能傷人；水的原子是平滑的，因此會流動；地的原子是立方體，因此地是固體。到了一八〇〇年代，大部分的歐洲國家都採用了公制，從某種意義說來，當時注重的是量度，因此不再對形態感興趣，只有多寡才重要。所以原子變成了無形無態的小撞球，原子之間的區別在於它們的質量。更遲一些，在一八九〇年代，當時科學的時尚是力場，因此對原子的看法是，它們之間的區別在於外圍電子的組態。

所有這些心像一直持續到今日，物理學家仍然聚集注意力於量，而有機化學學家則聚集注意力於分子的形狀，等等。

另一個這種現象的熟悉例子，就是平凡的夜空。在北半球的恆星被分入叫星座的星群中。星座的名稱反映出替它們取名的希臘人腦中跳動的心像：浪漫與冒險；這些星座說出皇后和戰士、神和猛獸的故事。而在南半球的恆星呢，則是由一個更近代的文化所取名，當時這個文化的主要興趣在於航海。他們在天上看不到熊、愛侶，看到的是三角形、鐘及望遠鏡。「把恆星分門別類爲星座，訴說出極少關於恆星的事，」京斯寫道：「可是告訴我們極多的、這些最早的文化及中古世紀天文學家頭腦中想到的事。」

當然，一點不奇怪，我們對原子及恆星的看法會變，因爲每日愈來愈多的事物的心像也不時大幅變化。任何文化對童年的認識、對女人的角色、工作、宗教、政府等的看法，在不同時代都有大不相同的看法。《綠野仙蹤》（*The Wizard of Oz*）裡那位可愛的朱蒂，看上去要比今日的孩童模特兒胖了些。

常識不一定可靠

隱喻是從日常經驗取出的。除了用已經知道的東西當做藍本以外，沒有其他方法去想像不知道的事物。因此在這個一眼就眺望到的景色中，必定充滿了熟悉的心像。我們用這些心像去描述科學中不可見的事物，以及尚未看到的未來；這些心像就從我們每日經驗到的、「可看到的」世界取材。而這裡就出現了摩擦。我們並未經歷過極大或極小的東西，不曾觸摸到看不到的力、數學的場、空間的曲率及時間膨脹。我們不能爬入一個原子，或者咻咻地到達光的速度。「整個科學乃是把每日的想法加以精煉，」愛因斯坦這麼寫道。可是他也指出，日常生活中的「常識」僅是我們早期的教育訓練留在我們腦中的一層偏見。

常識是必需的，也很有用處。「只有堅持，熟悉的知識一定要再次出現於不熟悉的事物中時，才會發生危險，」羅伯・歐本海默這麼寫道：「如果這想法只是把我們帶上這樣的思路：每一個我們去拜訪的國家都和上一個我們去過的國家一樣，那就大錯特錯了。」然而這正是人們的所作所為。可以確定的是，每一個科學模型，就如學習一種外國語言一樣，直到你不假思索的時候，才真正管用。若你仍然要在腦中不斷搜索正確字眼，你是很難流利地開口說這外國語的。如果簡單的理念及假設仍然含糊、難以捉摸的時候，就很難瞭解從這些理念及假設引導出的複雜理念。如果你需要不斷提醒自己，「讓我們想一下，原子核是在當中的那個東西。電子是在外面的小很多的東西。電子就是那個帶負電荷的？對了，我記得是如此。」這理念還不完全屬於你。流利的意思是，所有的字眼及理念都在你的舌尖上，待命而出。可是，如果你的某種語言很流利或對某一套理念很流利，它們就已經是你的一部分了。到了這個程度，其他的語言及不同的理念都會自動變成外語，或覺得怪異。

太熟悉也很危險

「熟稔有催眠性，」物理學家瑞德里（B. K. Ridley）寫道。任何我們熟悉的模型都能孵育出認可。這是個柔而有力的陷阱。「想像一下熟稔的危險性，」瑞德里繼續寫道：「似乎很明顯，同一物體不能同時出現於兩個不同的地方；可是一個繞射中的電子卻能⑰。看上去大小及位置都能無限變化，每一事物都共享同一時間；但是，愛因斯坦證明並非如此。我們一定要再三檢視來自直覺的理念。」

要檢視這些直覺的理念並不是易事，因為它們來自直覺！要邁步走向新疆域去，需要一些新的字眼及心像。可是這些從哪裡來？常常，不知不覺間，我們一直回到同一泉源去。或者如愛因斯坦所說的，「我們忘卻了，世上那些日常經驗已使我們框製出（科學出現之前的）觀念。要把我們經驗到的世界描繪出心像，而不戴上已建立好的舊觀念眼鏡來作解釋，是件不容易的事。還有另一個困難，我們的語言迫使我們使用那些和原始觀念分不開的字眼。」

語言很容易使一個字變成「錯誤及迷惑之源，」愛因斯坦說。可是科學還有一個特別的語言問題，即字詞都是從日常生活的語言中借來的，再把這些字詞應用在離開日常生活很遠的領域中。當我首次嘗試以「當你的腳趾撞到東西時所感到的力」去解釋新發現的力粒子⑱時，我發現我踉蹌地步入語意學的灌木林中，因爲宏觀尺度的「力」和次微觀尺度的「力」可以化裝爲完全不同的東西。物理學家從牛頓力學中借來這字，應用在量子力學中，而在那裡它就改觀了（至少對一位外行人來說是改觀了），改得幾乎面貌全非。

在因果律的觀念幾乎無立足之地的量子力學體系中，力怎能有意義？可是物理學家仍然談到「力粒子」，而我們這批仍然留駐在撞球式粒子心像及「推、扯」力的觀念的人，因此困惑於無希望及無可挽救的深淵中。

「科學所用的字眼和我們日常生活及語言中用的字眼一樣，造出的誤解經常要比闡明的多，」羅伯・歐本海默說：「與可辨識的術語相比，這些日常用字在科學上的應用，在你企圖去瞭解時，經常會造成你的挫折感。因爲科學中用的字，如相對論、原子、突變、作用，含有的是完全改變過的意義。」

夸克是什麼意思？

許多物理學家對於應用在次原子粒子方面的字眼感到不安。例如，夸克（quark）是從《芬尼根守夜》借來的⑲；在德文中的意思約爲「乳酪」。可是對許多人來說，夸克沒有什麼意義。物理學家說，更糟的是那些有特殊意義的字的應用。次原子世界中充滿了許多古里古怪的粒子族；奇怪的是，它們的名字都是熟悉字。「奇異」乃是其中之一。可是被稱爲「奇異」的粒子或「魅」（charm）的粒子，或者「色彩」（color）或者「味」（flavored）的粒子並非有異，或者能使人在感官方面感到愉快，或者看得出綠色，或者好吃。有些物理學家聲稱這些字的應用比胡說八道還要糟，因爲它們不折不扣必定會引起誤解。

物理學家費曼⑳反對這種「糟透的」命名法：「一個夸克並不比另一個夸克看來會更奇異些。也許『魅』尚可用，因爲它和現實的距離遠到你不會把它看成有魅力。」可是人們卻認爲上夸克（up quark）在某種意義上是轉向上面方向的粒子，因此這是很容易令人誤解的。」物理學家維斯可夫也贊同，「當人們談及虛粒子時，我總覺得毛骨悚然，」他說：「沒有這個東西，那只是用來描述場的強度的一個數學觀念。」這字「虛」

（virtual）指的是這類壽命非常短的粒子的特性，可是維斯可夫指出，即使這個詞「粒子」，「也只是用來提醒我們這個場有量子效應。」

專門去找這些現代字眼如「魅」及「色彩」的麻煩，也許不太公平。像電荷（electric charge）這字的來源是什麼？是不是一種「記帳」[21]？戰爭中的襲擊或火藥？（倒是「從此處得到興奮刺激」（to get a charge out of）這句話來自科學用法，而不是反之）。我們常說的正電及負電，則根本沒這回事；如果有的話，正電應該稱爲負電，負電應該稱爲正電[22]。（帶負電的物體其實帶的是超量的電子，其電荷爲負。）當原子「受激」（excited），它並沒有像人一樣，緊張兮兮地坐在椅角（雖然原子受激會跳些舞）。在次原子的範疇，「力」的意思較近於「發生作用」，力的強度則是它能發生的機率。

愛因斯坦把「以太」請出物理教室

字的毛病是，無論我們覺不覺得，它們會自動表現出某種心像。以「波」這字爲例，一想到波的時候，幾乎無法不去聯想到如水波的心像。因爲有了這個把波和水波心像的聯繫，幾世紀以來沒有人想得出光到底是什麼。水波在水中傳播的方式，大約與聲波在空氣及其他物體中的傳播一樣，需要一個媒介。如果光是一種波，那麼似乎非要忍痛認準它一定是在某物質中傳播。幾世紀以來使人痛苦的，就是要想出這某物質到底是什麼。

結果呢，沒人能找出這個神祕的物質，甚至於想像出它那些不可能有的特性。某物質後來被稱爲以太（ether）。而從十七世紀末葉到愛因斯坦的時代，人們對以太存在的信念，就如以前的人認爲地球是方的信念一樣堅強。可是如果要能傳播光，振動一定要極快，因此以太一定要有固體的特性㉓。不必說，這就引起一些問題。「如果這無所不穿的以太是固體的話，」加莫夫這麼寫道：

行星及其他天體如何能在其中運動，而不遭遇到任何阻力？即使能假定無所不在的以太是很輕的、很容易被壓扁的固體，就如保麗龍，天體在其中的運動一定會鑽出許多洞痕，因而使它失去了能把光傳播越過大距離的特性！這件頭痛事在許多世代中一直困擾著物理學家，直到最後被愛因斯坦把它請出去爲止，他把以太丟出物理教室的窗外。

愛因斯坦能把以太丟掉，是因爲他把光波像水波一樣上下波動的心像丟棄掉。光波之所以能在虛無中傳播，因爲它在實質上的組成是運動中的電場，這電場造出一個運動中的磁場，這運動中的磁場又造出一個運動中的電場，如此這般——就如穿梭而上的靴帶一樣，把自己拉上去。也像一部電動機去轉動一部發電機，這發電機再去開動下一部電動機，等等。光不需要在任何物質中傳播，因爲光波疾行時（以每秒三十萬公里的速度疾行），電場及磁場互生互滅。但是我們很容易可以看出，這水波的心像如何能把人們的思路懸掛在那裡，動也不動。

當然，歷史中還有許多其他的例子。畢達哥拉斯㉔行星繞著看不見的圓球旋轉的模型，深深銘印於希臘人的思想中，使得「希臘人很快就不能在一想到行星時，不聯想到這些以完美圓形軌道運行的球體，」作家墨奇（Guy Murchie）這麼寫道：「任何其他的軌道，明顯地代表對神的不敬。」哈佛大學的生物學家古爾德㉕提醒我們，早期要人們去接受大陸漂移理論㉖，是件多麼困難的事，因爲這個理論和我們當時的思路異道而行；可是一旦這理論被接受了，每個人都認爲不能接受這理論的人是笨蛋。

愛因斯坦也陷入一個基本上不變的宇宙的心像。他甚至於還發明了類似惡名昭彰的「萬有以太」的東西，以便他的理論能應用來創出靜止宇宙的模型。那是一個叫做「宇宙常數」的數學工具，這常數產生斥力，能排斥重力的吸引，因而使宇宙變成靜態。後來他稱這發明爲「我一生中最大的錯誤」。可是反諷似的，最近的科學證據顯示宇宙的邊緣似乎有加速（擴張）的現象，因而暗示這種斥力可能存在。如果眞是這樣的話，可以說，愛因斯坦說自己犯下大錯的話，就說錯囉。

一點不奇怪，努力想要去瞭解這種力的物理學家，也發明了一套新的詞語去描述它。其中的一個字——精華，或第五元素③，等於遁回早期的以太。中古時期，以太也稱爲第五元素（在火、地、空氣、水四元素之後）。

化約抽象法㉗是老把戲

模型有可能是十全十美的，但卻是不可行的，就如時裝模特兒、超人、女超人。可是物理學中仍然充滿了十全十美而不可行的東西：理想氣體、完美晶體、充當所有事物（從原子到恆星）模型的撞球。莫里遜寫道，科學的中心特性就是「抽象化過程，把眞實世界的某部分蒸溜出一個潔淨的體系。我們希望這體系還能代表我們有興趣去研究的眞實世界體系的性質。在物理工作中，大多數的興奮刺激都牽涉到去尋覓出一個能把複雜的體系聰慧地抽象化的模型；在抽象化之後還能證明這個抽象化是確當的。」

科學的抽象化都是老套㉘，就如把世界化成二維，以及很多能使人誤解的陳腔濫調。可是它對瞭解及過濾知識之必要，就如知覺的過程一樣。沒有這些老套、老把戲，就不可能有科學——也許是因爲，處理眞實的自然世界的自然形態，是一件太複雜的工作。抽象化是一種把深刻到無法去測量的事物蒸溜出要素的方法。

有一位物理學家注意到，「物理學是一門研究宇宙中簡單事物的科學，」可是，

「你可以爭論，簡單的事物根本就不存在。」與物理學相比，生物學及化學研究的對象，都是難以置信的複雜。即使是看上去似乎很簡單的東西，如一塊石頭，他說：「對物理學家來說，也已經複雜到無法處理的地步了。」[29]

模型愈簡單，就和現實離得愈遠。然而最簡單的模型往往是最有用的。這就是爲什麼數學在物理學中是那麼有用的工具。它是抽象化的終極。這過程明顯地以置之不顧的態度，來處理現實中的雜亂細節。從某方面來說，所有的模型都是走向數學抽象化的居間過程。「心像可以讓我們更快向前走，可是眞理卻包涵在數學之內。」加州理工學院的梭恩（Kip Thorne）這麼解釋。

正如英國心理學家格雷高利（Richard Gregory）所云，心像是一種「卡通式的草圖語言」。他注意到，「就如古代語文中的象形文字（pictograph）演變成會意文字（ideogram），以表達複雜的理念——當圖形不足以會意時，最後就得以抽象的符號來表達；因此這類模型都有限度。它們最後都讓步給數學理論。」

在今日，數學已經被器重成爲科學的語言。科學研究的主題幾乎都是數學性的，模型亦然，連隱喻也是如此。加州理工學院的理論物理學家薄立樂（David Politzer）把早期宇宙（大霹靂剛發生後的瞬間）物理學這最新的發明，描述成數學理論。我聽到這論調後，大感驚奇。「我們只是用英文來裝滿方程式之間的空間，」薄立樂說：「我們用來討論的語言，講到的都是在自然界中沒有類似的事物。可是我們已經大幅度把我們的數學字彙增廣了，我們不斷地搜尋擴大這一套隱喻的路徑。這就是眞諦了：瞭解是一種把物體圖像化的方式，而數學則給予你如何去做的方法。」

和許多物理學家一樣，薄立樂也堅持說，物理眞諦在本質上無法翻譯成日常用語。可是這也不怎麼需要緊張。你細想一下，就會瞭解，如果你不去學習一種特別的語言，就幾乎不可能有深度地去瞭解任何體驗，無論網球、芭蕾或法律。就如其他術語一樣，數學是一種能讓你走得很遠的求知交通工具，如果缺少這種交通工具，你就不能走得那麼遠。

我的物理學家朋友有一次給了我這個術語「四代堂（表）親」㉚。除非你瞭解親等關係，否則這個用詞對人們沒有什麼意義。不過說以下的話：「佛莉達是麥克的四代堂（表）親。」確實比下述的話簡單得多：「麥克是佛莉達的曾曾祖的曾曾孫。」水手都很明白術語的用處。有一次我同一批新手去駕帆船。我們看上去將要擱淺了。船長下令所有的人都要朝下風處（即帆蔭處）走去。結果，一半船員走向港邊（左舷），而另一半則走向星邊（右舷）㉛。

數學在這裡發出光耀

數學術語之有用，在於它能讓你以精美及精確的方法去描述事物，而你可以對這事物的性質一無所知。至於如何想像出無法用日常語言描述的心像？因爲你無需去想像，你可以把這個問題置之不理。「數學的光耀就在於，我們無需說出我們談論到的事物，」費曼寫道：「奇怪的是，這些數學的心像往往比以實體事物當做模子再想出的心像，更和實體接近些。」

在物理學中，來自審視方程式的發現，與來自顯微鏡或望遠鏡的發現，數目幾乎一樣多。不幸的是（也許是大幸），我們不能把世界變成數學，就如費曼指出的：「因爲遲早我們一定要找出來，對於研究中的自然事物，這些定理是否能應用得上。因此我們立即得栽入這些複雜而「渾濁」的自然事物裡頭；可是利用近似法，精確性還是可以不斷增進。」

一點也不奇怪，當數學模型被來自日常生活的隱喻粉飾後，我們就遭遇到麻煩了。京斯爵士寫道：「理論物理的歷史就是在記錄：數學公式的衣飾是正確的，或者是幾乎正確的，可是物理學上的解釋往往就是我們大錯特錯的地方。」牛頓的運動定律幾乎是完全正確的——如果忽略極端的情況，例如近於光速的運動，就是「完全」正確的。可是當這些定律被解釋爲，宇宙是存在於絕對空間及絕對時間中的巨大機械裝置，「有兩世紀之久，這解釋把科學放在錯誤的道路上。」同樣的，描述電場和磁場交互作用（光）的方程變得不正確，只因爲它們被解釋爲，上下波動的光波在萬有以太中傳播。

搭錯線，卻走對了路

我們對大自然所設定的數學或其他心像，終究一定會是錯的。可是即使是不正確的模型，仍然有用。我認識的一位年輕物理學家認爲，在介紹原子構造給人們時，先教他們把原子中的電子繞原子核轉的模型，想像成行星繞日轉的模型，是件壞事。他爭論說，這模型本身是錯的。可是我們所有的人（包括大多數的科學家）都以這個很適意及熟悉的模型當作起步，走向原子中心去；只有在後來，物理學家才把這模型以微妙的量子態的複雜體系來潤飾。這些運轉的軌道只是臨時的框架；在攀上更高一層的理解時，它能協助人們先占有立足之地。就如羅伯・歐本海默在寫他的「科學之屋」時，這麼說過：「還不是很舊的屋子，可是人們仍可以聽到附近建造新樓房的聲音，在那裡工人高高在上搭鷹架，一點不察覺他們站得太高了，跌下來會多慘。」

十八世紀的時候，蘇格蘭人瓦特㉜以錯誤的熱理論，建造了一台能運轉的蒸汽機。一百年後，馬克士威㉝創建一套電動力學的理論，基於「許多在空間中轉動的幻想輪子及空轉輪，」費曼寫道：「可是當你把這些空轉輪和空間中的雜物去掉以後，這個東西就沒問題了。」物理學家狄拉克㉞首先預測反物質的存在，可是他的理論乃是基於幻想出的虛無空間中的「洞」㉟，結果是，反物質確實很眞實，雖然「洞」並不存在㊱。

模型是踏腳石。就如愛因斯坦在牛頓的架構上建造他的相對論物理；同樣的，牛頓是在刻卜勒及哥白尼的架構上建造他的力學理論。（如果哥白尼沒有發表他的日心太陽系理論，如果刻卜勒沒有精確計算出行星的橢圓軌道的話，牛頓絕不可能看出行星運動與蘋果落地的相似處。）模型可以用來做爲堅實的基礎，即使這模型的假設有誤。很顯然，馬克士威並不相信當時流行的帶電原子的模型。「當我們終於瞭解電解的眞諦時，不可能還會把分子帶電理論留下，」他寫道：「因爲到了那時候，我們就會找到很穩固的基礎來建造眞正的電荷理論，便可以脫離那些暫時性的假設。」

費曼是視覺化的大師

還有更基本的理由去應用模型；即使這些心像比起帶有量度性質的數學用語，不免要模糊不清。我們能設想出心像，是因爲「看到」總是與「瞭解」聯接在一起。（英文中，我看出了（I see）和我瞭解了（I understand）是同義語。）視覺化的心像，可協助我們思考那些想像不到的事物。

有時自然界是無法想像的，因爲它太複雜了。「在一塊很普通的東西中，你就有十的二十三次方個原子，」物理學家戈德伯格（M. Goldberger，曾任普林斯頓大學校長）說道：「即使擁有一台能處理這類交互作用的電腦，你還是無法想像出來。即使這樣做可行，也沒什麼用。因此我們在字語及心像之間進進出出。」

而在其他的場合，許多自然界的事物仍是無法想像的，因爲這些事物和我們日常經驗到的事物，差距太大了。要嘗試去想像在創世之前沒有「時間」這東西的宇宙，或者在空間疆界之外的宇宙，對我們來說，都很難產生出心像。例如，我們也許能想像大霹靂在什麼時候開始，可是這大霹靂在何處發生呢？

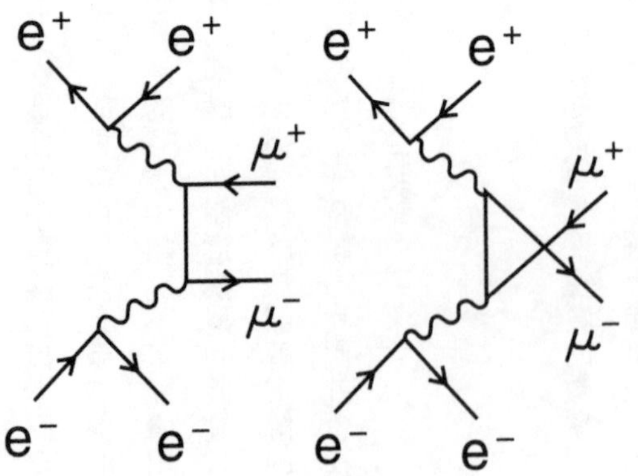

費曼圖

費曼和其他人一樣瞭解視覺化的重要性，雖然他再三堅持，有些事物只能透過數學語言去瞭解。畢竟費曼是一位視覺化的大師，他的費曼圖把複雜的次原子事件，用一種視覺語言描述成簡明的事件。一九八〇年代初，我得到一次罕有的機會能坐下來，同他談談他對物理的想法是什麼。一如往常，他的回答極具有啓發性：

我們從愛因斯坦學到一些東西。他要我們把這兩件東西放在一起（這兩件東西即電磁和重力，這是在尋覓如何把所有的力都聯繫在一起的企圖之一），可是他失敗了，一部分原因是他開始得太早。就像你想要組裝一輛汽車，而你只有兩個零件。後來，我們有了更多的拼圖片塊，可是這個謎比我們想像中的要更爲複雜。

但是他也失敗了；當然我不知道爲什麼愛因斯坦會失敗。他早期在工作時，經常會以視覺化來設想：某人乘太空船升空，送回及接受光訊號（這就協助了他去「看」時間、距離、及光速間的眞實關係）；某人在升降梯中上升（這就讓他「看出」重力與加速度等效）。他這樣得到他的理念，然後再把這些化爲優雅的方程式來解釋他的理念。他在這方面極有才能，手法漂亮極了。

後來，當他在搜尋統一場論的時候，卻用了不同的思想方法——對方程式形式的猜臆。多年來我也試過這種方法，可是徹底的失敗。因此我正在嘗試視覺化的思考方式。

在這方面的應用，費曼圖已感不足，因此我正在尋找新的心像來描述。我嘗試追隨我給自己的忠告。

那個時候，費曼的工作重心放在核子內，把夸克及其他「力粒子」、膠子膠合在一起的神祕力的特性上㊲。他解釋，他如何喜歡把問題中「最古怪、特出、醒目」的東西抽取出來，不顧其他的東西。在夸克的例子，最醒目的東西是當夸克之間的距離愈分開，色力（color force）㊳就愈大。「因此你問，」費曼說：

怎樣描述最簡單？你如何以同樣的特質，問出更簡單的問題？例如，假如我只用兩枚膠子，而不去管夸克；假定空間是二維的。如果我試一下這個只有兩枚膠子、沒有夸克的二維空間的理論，而我瞭解了爲什麼膠子不會分開。那麼我再爬高一些，把夸克放進去，看一看這理論還管不管用。在簡化的過程中，我可能把髒的洗澡水和嬰孩一起倒掉了，可是我想我並沒有。

把髒洗澡水和嬰孩一起倒掉（即良莠都丟了），一直是建造模型時面臨的難題，因爲模型總是抽象化的，你總是不能確定是否這模型中仍含有這物體的要素，還是已經被丟掉了。在大多數的情形，我們只攫取了表面的一層來研究，觸不到在內部更深層的實體。

「模型能協助我們到哪個程度？」費曼問：「有趣的是，模型經常眞的有幫助，而大部分的物理學家都嘗試著教人怎樣去應用模型，以便掌握東西如何運行的物理竅門。可是最後總是發現，最偉大的發現都是模型之外抽象的東西，而那個模型在這方面沒有什麼大用。」

模型就只是模型

鷹架是是虛有其表的外觀。在最後，即使是最堅固的鷹架也要被拆散丟開，而最好的模型也會被新的模型所取代。愛因斯坦的理論取代了光以太；波耳的原子理論，以似樂音的駐波，琢磨了拉塞福㊴縮小尺度的行星原子模型。鷹架是很有用的支架，可以用來蓋樓房及整修樓房，可是竅訣乃是要記住：鷹架不是眞正的目的。

若是過於把模型按字取義，那會把我們帶進牛角尖，造成無謂的困惑。人們嘗試去瞭解原子的時候，經常感到挫折，因爲每日經驗到的「粒子」已經不知不覺地銘印在腦中了。於是，我們不免想要知道電子到底在哪裡？或者，在放射性的案例，不免想要知道電子在發射出去之前，到底藏在哪裡？原子中的電子，當它從一量子態躍遷到另一量子態的時候，它到底在哪裡？任何時刻，它們到底在哪裡？哪一個電子占住哪一個量子「軌道」呢？

京斯說，這種對電子的看法，就和以下的看法類似，即你銀行帳戶的餘額，其實是一大堆金錢中的某一堆。當銀行存款的餘額有某數目的變動時，你總不會想像到，這些錢眞的是從你的帳戶，飛過空中到達你剛刷過信用卡的某百貨公司的戶頭裡去。如果你堅持得親手摸淸這些來龍去脈，你會聽到自己的語氣，就同物理學家談到電子時的語氣一樣。你一定會說，用來付房租的鈔票到底是哪一張，純粹是機率問題。京斯說，這「聽上去像是笨答案；可是絕不會比問這問題更笨。」

模型用在不適當的場合時，也可能產生誤解，例如，把物理學的簡單模型應用到複雜的事物，如人身上。正如古爾德指出的，「用機器來比擬生物，是很差勁的模型。物理模型往往暗指無活力、只能被動反應物理作用力的物體，如撞球。可是生物並不這麼容易被推來推去。」但是當我們說到「習性的力量」或「獲致成就的壓力」，就好像我們眞的和撞球一樣，只能一個命令一個動作。我們談及「權力的均衡」時，好像我們眞的知道權力有多重，也知道如何去量度它。我們說起「施加壓力」迫使某人或國家去做某事，好像我們知道如何按某個鈕使他們動作，再按另一個鈕就可以使他們停止，好像他們對我們的動作只有一種可能的反應。

總之，模型和隱喻唯有在我們知道意義及限度時，才有功用。如果我們不瞭解撞球，就拿撞球來描述原子，那可一點好處也沒有。如果不瞭解力，就無法以力來瞭解運動的因。就像京斯指出的，「如果我們不能解釋肌肉是怎麼運作的，就不能說自然界的運作情況與我們的肌肉一樣。」

【注釋】

①譯注：法蘭克．歐本海默（Frank Oppenheimer）是舊金山探險博物館（Exploratorium）的創辦人，「原子彈之父」羅伯．歐本海默之弟，在一九五〇年代恐共病期間，由於他的和平主義的論調，被列入黑名單，因而被摒除於物理界之外。見後記〈推動力及影響〉。

②譯注：波耳（Niels Bohr），1885-1962，丹麥物理學家，以拉塞福的原子模型爲基礎，提出氫原子結構理論（引入量子數n，提出電子以循圓形軌道，以傾斜方式繞原子核旋轉），一九二二年諾貝爾物理獎得主。

③譯注：古希臘人認爲世界的組成是四種元素：空氣、水、地及火（類似中國道家的五行：金、木、水、火、土）。中古時代人認爲天體的組成和地球的不同，他們把這組成稱爲第五元素（quinte是第五之意），後來把任何精華都稱爲quintessence。

④譯注：培根（Francis Bacon），1561-1626，英國名哲學家、政治家及散文家。

⑤譯注：到了十九世紀中葉，才知道熱是什麼東西（分子的動能），以前只能以感覺來測知熱，因此用這些不精確的語言來描述熱。

⑥譯注：牛頓也是一位煉金學家（alchemist），因此用了煉金學的口氣來描述。見後記〈推動力及影響力〉的注釋⑤。

⑦譯注：厄司特（Hans Christian Oersted），1777-1851，丹麥物理學家，在電磁學上貢獻很大，磁場以他的姓氏爲單位。

⑧譯注：電的衝撞（conflict）指的是磁場，因爲當時還不知道磁的來源。

⑨譯注：暗物質（dark matter）是一種假設的不明性質的物質。自一九三〇年代起，天文學家就發現有許多星系的運動（速度）不能被觀測到的恆星總數所解釋；星系中恆星的速度是由星系本身的質量所定，一定大小的星系，若質量大，恆星的速度也大。但實際測量出的速度要比從觀測到的恆星總質量估算出的要大很多，約相當於數十倍質量的差額。到了一九八〇年代，天文學家從另外獨立的新觀測中斷定這質量的差額確實存在，因此把這些看不見的物質稱爲暗物質。似乎宇宙中的暗物質的成分爲看得見的物質（即星球，包括我們的組成）的五十倍。目前已有許多關於暗物質的理論，可是還不知道這些暗物質的組成，只知道它們和普通物質之間的作用非常微弱，弱到還不能測出的程度。本篇論文做了一種臆測，建議一種暗物質，可是不知其形態，只好旁敲側擊。這樣的推論，錯的機遇要比對的機遇多，就如以上培根、厄司特的推論一樣。

⑩譯注：大質量弱作用粒子（weakly interacting massive particle），簡稱WIMP，具有可觀質量並能產生弱作用的基本粒子之通稱。

⑪譯注：布朗（Robert Brown），1773-1858，爲蘇格蘭植物學家，一八二七年觀察花粉顆粒而發現原子的布朗運動（Brownian motion）。

⑫譯注：塔朗特舞（tarantella）是一種義大利南部的八分之六拍雙人快舞，原先是用來治一種神經方面

的病 tarantism，這是一種歇斯底里性或癲狂性的舞蹈症，以前認爲此病是被一種大型有毛的蜘蛛 tarantula 所咬而引起的。

⑬譯注：加莫夫（George Gamow），1904-1968，烏克蘭裔美國物理學家，發現核子α衰變的原理，及預測宇宙背景輻射的存在。見後記〈推動力及影響力〉。

⑭譯注：京斯（James Jeans），1877-1946，英國名天文學家、數學家兼物理學家，創恆星出生的理論及條件。

⑮譯注：霍登（J. B. S. Haldane,），英國遺傳學家、生化學家，在酵素研究及染色體研究方面有卓越貢獻。

⑯譯注：希臘人認爲世界由四種元素組成，火、水、地、空氣。

⑰譯注：在電子的干涉現象中，一枚電子能被處在兩個地方的原子同時影響，造成繞射的模式。因爲要同時受這兩個地方的影響，等於說電子可同時出現在兩個地方。光子亦然。

⑱譯注：力粒子（force particle）指的是傳播力的媒介粒子。按量子力學的看法，所有的力（重力、電力、等）都各由一種粒子爲媒介，例如電力的媒介是光子，等等。

⑲譯注：《芬尼根守夜》（*Finnegans Wake*）是愛爾蘭名作家喬哀思（James Joyce, 1882-1941）寫的小說，自一九二三年寫到一九三九年完成，書中有許多謎語，有些尚未被猜出。在小說中，夸克（quark）代表的是海鳥鳴聲。

⑳譯注：費曼（Richard Feynman），1918-1988，美國物理學家，以費曼圖及路徑積分法詮釋量子電動力學，一九六五年諾貝爾物理獎得主。爲人幽默風趣，對科學教育與物理學有獨到的見解。

㉑譯注：電荷的英文是 charge，這字（動詞兼名詞）有許多的意思，如責任、記帳、火藥、充電、襲擊、花費……等等。

㉒譯注：電流就是電荷的流動。早期剛發明電池的時候，把一極稱爲正（陽），另一極稱爲負（陰），認爲電流從陽極流向陰極。可是以後發現電子帶的是負電荷，電流是從負極（陰極）流向正極（陽極）的電子流，因此如果按原有的定義的話，應當把現在的陽極陰極的定義反過來（即把現在的陽極稱爲陰極，陰極稱爲陽極）。可是因爲已經用了多年，不便改。因此現在沿用的是舊的不正確定義。

㉓譯注：物體剛性愈大，聲波的傳播速度愈高。在鋼鐵中聲波的速度要比在空氣中大許多倍。如果眞的有這傳播光的「某物質」，其剛性勢必不可想像的高。可是當我們把手在空氣中揮動時，並感受不到這「某物質」的剛性。

㉔譯注：畢達哥拉斯（Pythagoras），公元前582-500，希臘科學及哲學家，發現畢氏定理（直角三角形兩短邊的平方和等於最長邊的平方，中國在周朝時候也發現同樣的定理，現稱爲勾股弦定理），並創音樂的樂階。

㉕譯注：古爾德（Stephen Jay Gould），1941-，哈佛大學古生物學家，全球著名的科學作家，著有《達爾文大震撼》（*Ever Since Darwin*）、《貓熊的大拇指》等書。

㉖譯注：如果把所有大陸的大陸棚（continental shelf）視爲大洲的邊界，繪出地圖，那麼可以把所有的大陸棚地圖都拼湊在一起成爲一個大陸塊。二十世紀初，德國氣象學家兼地質學家韋格納（Alfred Wegener, 1880-1930）創大陸漂移理論，說所有的大陸本來都聯在一起，後來才漂移開的。這問題一直是懸案，直到一九六〇年代，用了雷射及人造衛星，發現大陸之間的漂移速度約每年十來公分（因此經過十億年後，可以把大陸漂過太平洋、大西洋寬度的距離）。再加上地質學上的許多其他證據，這理論現在已被幾乎所有的地質學家接受。

㉗譯注：本段標題原文爲 reductio ad abstractium，來自拉丁文 reductio ad absurdum，歸謬法（reduction to absurdity），藉證明一命題的反面爲矛盾或荒謬，因此證明這命題爲正確的證明法。在此把 adsurdum（荒謬）改成 abstractium（抽象化）。

㉘譯注：原字是 stereotype，通常是指惡意的陳腔濫調、千篇一律，例如，一看見女人就認爲是弱者，在美國留長髮騎摩托車者就是犯毒者，黑男人就是罪犯……等等不合理的成見。

㉙譯注：在力學中，物理學家能處理的是圓及點，橢圓及立方體已經很困難了，只有在特殊情形下才能處理。石頭的形狀無規則，幾乎不可能處理，最多只能用電腦來處理。可是電腦還不能用來證明基本物理定律，只能用來計算。

㉚譯注：四代堂（表）親 second cousin twice removed 是第四代堂（表）親，有同一曾曾祖（父或母，無論父母系）。

㉛譯注：在西方古時航海時，靠岸時船左靠岸，因此左舷稱爲港邊（port），右舷朝大海，看得見星星，因此稱爲星邊（starboard）。不用左右的原因是因爲早期水手大都未受教育，許多人左右不分，乃以港及星來表達左右。這術語沿用至今。

㉜譯注：瓦特（James Watt），1736-1819，蘇格蘭發明家、儀器製造者，一七九〇年發明蒸汽機。瓦特率先以馬力做爲功率單位，爲了紀念他的貢獻，「瓦特」一詞後來成爲計算功率的正式單位。

㉝譯注：馬克士威（James Clerk Maxwell），1831-1879，英國物理學家，劍橋大學第一位實驗物理教師，對電磁學和氣體運動論有重要貢獻。他把十八世紀所有在電磁方面的研究結果歸納成一套電磁方程組，是終結的古典電磁理論。他根據理論推斷有電磁波的存在；物理學家認爲是十九世紀中最偉大的理論。愛因斯坦說過，馬克士威的理論是自牛頓以來，最出色、最有影響力的理論。

㉞譯注：狄拉克（Paul A. M. Dirac），1902-1984，英國理論物理學家，他展現了原子理論新而有效的形式，創立相對論性量子力學，因而獲得一九三三年諾貝爾物理獎。

㉟譯注：狄拉克的主意是，虛無的眞空是一個完全被電子充滿的態。如果把一枚電子從這眞空中拉出來，就產生了一枚眞實的電子，而電子被拉出的地方就出現了一個「洞」，而這個「洞」就是反電子。這個觀念在粒子物理中已被放棄，可是在半導體物理中有很大的應用。半導體有兩種，一種是晶體的內部構造中有多餘的、可以流動的電子（N型），另一種是晶體構造中少了一些電子（P型），這些少掉電子的地方就是「洞」（電洞）。如果把這些「洞」看成排隊時當中缺少的一個人，而如果在「洞」右邊的人朝左移一人的缺額，其他的人不動，看上去就好像缺人的「洞」右移過一個人的位置；如果每個在「洞」右邊的人接續向左移去，看上去就像這缺人的「洞」一直向右移去一樣。從這觀點來看，「洞」是眞實的。在P型晶體中，如果有電壓，電洞也像每人左移一樣地流動，其方向和N型晶體中電子流動的方向相反。電洞的流動因此也可以形成一道電流。這種電洞的電流觀念在半導體物理中極有用。

㊱原注：從某方面來說，「洞」仍是眞實的，例如物理學家有時說起「費米海中的洞」等等。

㊲原注：見第六章〈力和贗力〉。

㊳譯注：夸克之間的吸引和排斥是由稱爲「色彩」（color）的新奇特性所決定的。科學家在解釋一九六〇年代和七〇年代由粒子加速器中發現的夸克組合時，推論「色彩」具有三種值（色荷），稱爲紅、綠和藍。具有相同色彩的夸克，正如具有相同電荷的粒子，會互相排斥。

㊴譯注：拉塞福（Ernest Rutherford），1871-1937，紐西蘭實驗物理學家，提出「原子質量幾乎全集中在帶正電荷的原子核」的原子模型。一九〇八年諾貝爾化學獎得主。

第二章

正確？錯誤？

我們也許再次需要倚重科學的影響力，來保持社會的神志清明。能適合這角色的不是科學知識的確定性，而是其「不確定性」。

——溫伯格①，《一個最終理論的夢》

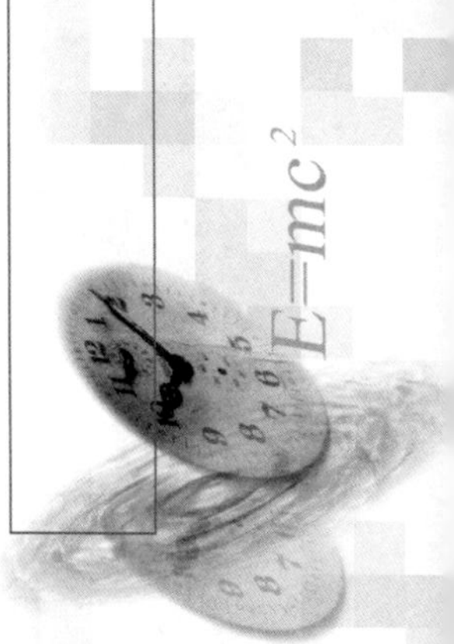

多年前，我受邀去我們社區中向一群「天資聰穎的」初中生演講，講題是科學和創造性。我心中想到，再沒有比愛因斯坦的相對論更具創造性的東西了（比起把我們對物質、空間、時間這些基礎觀念都改變的理論，還有更具創造性的嗎？），我決定拿這個想法在他們身上試試。

一切都進行順利，直到最後，一位坐在後排的女孩問，「可是如果愛因斯坦是錯的，那怎麼辦？」

眞的，果眞如此，應當怎麼辦？當然這是個合理的問題。科學領域中似乎滿地都是已被人遺忘了的「錯誤」理念。熱不是流體；地不是平的，地球也不在宇宙的中心；行星也不在固定不動的圓球上繞圓圈轉；火星表面並沒有遍布運河；我們的空間中也沒有滲滿能上下波動傳播光的以太。

可是從另一方面來說，現在已把四維空間描述成彎曲的，眞空說成有好幾種特異體。似乎昨日駭人聽聞的理念，已經變成今日科學的事實；反之亦然。

就在最近幾年內，科學經歷了好些廣受渲染的轉錯彎事件，所有這些錯誤典型的例子，顯示出科學如何緩慢地、曲折蜿蜒地，走向眞理：

◎一群天文學家說，在月球上面發現的冰根本不是冰，而是錯誤解釋了某訊號——庸人無事自擾。

◎當其他研究者盤問數據時，有些原先被發現繞行其他恆星的「新」行星就消失了。

◎有人說看見空間中有房子大小的雪球，這消息大被渲染。可是後來這些雪球融化了，消失無踪。

◎聲稱在歐洲的一座粒子加速器中發現了「輕夸子」（leptoquark），可是現在看來，這粒子大約是來自雜訊。

◎兩位物理學家在一本頗有聲望的物理期刊中宣稱，虛無的空間像螺絲一樣地沿著一個以前不知道的軸旋轉，而由於這個神祕的旋轉，宇宙分成上面及下面。但這發現不能立足，再一次，科學家看來似乎是不知道上下方向的人。

◎最後，還有那個有名的、朝地球轟來的小行星——只是根本沒有。

這類的踉蹌步子非但不可避免，而且還是必須的。「當人們試著去做很艱難的工作時，總是預期有些結果會半途而廢，」加州理工學院天文學家布藍福特（Roger Blandford）說：「如果人們非常保守，如果他們只發表自己期望發現的東西，就很少會有新發現。」犯錯並不是發生在科學家身上最壞的事，而是如物理學家鮑立②所說的「連犯錯都不夠格」，那才是更糟的事，因爲你的理念根本就不值得去反駁。

因此，爲什麼愛因斯坦不應當錯？

愛因斯坦的理論一定有錯

就長期而言，幾乎可以確定，愛因斯坦一定會錯。至少他錯的意義就如他證明牛頓力學是錯的一樣③。不過，用「錯誤」這字眼顯然是錯用的。這位小女孩的問題提醒了我：曾有一次，我和麻省理工學院教授莫里遜談到某些當時流行的宇宙觀是「正確」的或「錯誤」的。莫里遜告訴我，「當我說這理論不正確，我不是說它錯，我的意思是，它在正確與錯誤之間的某處。」

不幸的是，對我們大多數人而言，正確與錯誤之間是一個陌生的領域。我們早已認定，「這是科學的事實」這句話實質上就和「這是絕對眞實」這句話同義。把社會學的理論蒙上不同深淺的灰色是一回事，可是每個人都知道科學知識是黑白分明的——但這是十分流行的錯誤觀念。

事實上，科學中很少有眞正是錯誤的東西，可是科學中沒有一件東西是永遠對的。以牛頓爲例，愛因斯坦證明牛頓是錯的這件事，毫無爭議。牛頓說時間和空間是絕對的，而愛因斯坦證明了它們不是。牛頓從來沒有把重力想成空間中看不出的曲率。牛頓不知道物質是能量的一種形式，或者在趨近光速時慣量（慣性）會變成無窮大。

可是牛頓的「錯誤」理念迄今仍然用來策畫太空船的航行，及把人造衛星放在近乎完美的軌道上。蘋果仍然下落，月亮仍然繞地球轉，都按牛頓的公式。就此而言，牛頓的理論在我們日常經驗到的事物中，仍可完美地運用。只有在極端的速度（趨近光速）下，或者在質量極大的物體邊上，如黑洞，才失效，被相對論所取代；或者在極小尺度的領域中，才被量子理論所取代。「愛因斯坦對牛頓力學的校正之小，」哲學家及小說家柯思特勒④寫道：「使得只有專家才關心。」甚至於牛頓處理過的問題，用愛因斯坦理論所得到的結果與牛頓方程得到的結果完全一樣。

愛因斯坦證明牛頓是錯的，意義是：他站在牛頓的肩上，因而能看見牛頓看不到的東西，例如非凡的條件（對我們說來是非凡）對時空的影響。大多數情形下，愛因斯坦證明牛頓是對的，因爲他的理論乃是建立在牛頓理論的基礎上。愛因斯坦取了牛頓的理念，把它們延伸到以前沒有想像到的極限去，把它們帶入了一個新範疇，使它們加寬，更大膽、更奧妙。愛因斯坦把一些新東西加入牛頓的理論，就如今日的物理學家把新東西加入愛因斯坦的理論一樣。愛因斯坦爬到牛頓搭建的高塔的鷹架上去，因此可以從更好的觀點來看事物。如果這鷹架不夠堅固，他一定會跌得鼻青臉腫。

沒有絕對的眞理

必定會令大家驚奇的是，用正確或錯誤這幾個字來描述理念，特別是描述科學理念，是很不科學的方法。極少有革命性的觀念，眞正在未期望的革命中把舊思維推翻。物理學家卡錫米爾（Hendrik Casimir）甚至主張，從來沒有一個健全的理論會被駁爲錯誤的，「沒有遭駁倒的下場，可是一直會遭遇到劃定其邊界及限度的過程（即確定這理論只適用於某範圍）。」卡錫米爾在他的書《偶然的實體》（*Haphazard Reality*）中這麼寫道：「一旦某個理論面臨了技術修正的問題，並不會被駁為錯，而是建立了限制它的有效範疇。在這範疇之外，必須再建立新的理論。」

又如物理學家波姆⑤所說的：「絕對眞理的觀念和科學的眞正發展，彼此相應之處甚少……最好認爲科學的眞理只是在某個有限範疇內能應用的關係。」

新的理念會擴大、琢磨、綜合、概括、磨鍊及修飾舊理念，可是極少把舊的理念丟出窗外。有時「錯誤」的觀念只是誤會，或者錯在陳述得很笨拙。有些結果不是錯，而是沒有需要，或無關。就如傳光的以太，或馬克士威的「幻想輪及空轉輪」，或者「熱是流體」的觀念，新的理論使這些變成多餘。可是在科學史中，大多數錯誤理念誤解的根源在於遺漏：沒有把某些東西算進去，沒有看到大自然隱藏起來的東西，沒有注意到從表面看不到的關聯。「錯」的意義幾乎就等於說「被限制住」。

幾世紀以來，物理學家不斷地爭論，是光的波動理論正確，還是光粒子理論正確。結果呢，光是兩者兼有：一部分是波、一部分是粒子。這兩種理論都對，可是都有限制。正確的理論需要這兩種不同的面向。

近來宇宙學家在作一場劇烈的爭辯：宇宙是「封閉型」的，像球一樣？還是「開放型」的，像牛角，一端可以無限延伸下去？封閉型宇宙總有一日會被自己的重力壓到崩坍的地步，而開放型宇宙則永遠擴張下去。最近，英國物理學家霍金⑥在加州理工學院演講時倡議，宇宙可以同時又是封閉的、又是開放的，看它怎樣在八維空間中被切成（四維空間的）片。

即使「地是平的」這個理念，也是來自我們對地球這個大而圓的行星有限度的觀察。當你在市鎮中行走的時候，大地看上去確實是平的。可是這個從街道看出去的觀點相當狹隘，你要離開夠遠才能開始看出地球是圓的。今日，大多數人都已經看過這個圓球形的地球的眞正形狀及色彩，這些影像來自繞地旋轉的人造衛星。然而早在數百年前，甚至於數千年前，哥倫布及埃拉托斯特尼⑦已經以他們的想像力，看出這些景色。

從實體或從智慧的角度來看，圓球形地球與扁平地球的主要區別，在於透視觀點的差異——一個是廣闊的視野，一個是狹窄的視野。當你的量度能延展到夠大的區域時，時空本身就開始看得出曲率。而量子力學及相對論提供的是，比古典方法更宏觀的透視觀點。

科學只是近似！

正如愛因斯坦所描述的，建造新理論不是像把舊殼倉拆了，去造摩天樓；倒不如說成，像爬上一座山，使你能得到更好的視野。如果你朝後看，你還能看到你的舊理論、你的出發點。舊理論並沒有消失掉，只是它看上去變小了，也沒有以前那麼重要。

竊喜於（甚至擔心）牛頓或愛因斯坦會犯錯，有時會顯得很傻。「當然」它們是錯的。牛頓或愛因斯坦不可能解決每一個未被解答的謎，或者預知每一個結論的每一個後果。他們並未、也不能聲稱自己無所不視、無所不知。聲稱自己有這本事的人，不會在科學這行業中，因爲「對或錯」的意識不是科學問題，頂多只能算是武斷的教條。

科學從未證明某事完全正確，因爲還有太多的東西要去學習。「這整體的每一片、每一部分，一直僅僅是對完全眞理的『近似』，」費曼這麼寫道：「事實是，每件我們知道的東西都是一種近似，因爲『我們知道自己還不清楚所有的定律』。因此，我們在學習某事物時，都知道以後要把這些學到的東西拋棄，或者，更可能的是，把學到的加以校正改進。」

如京斯爵士所說的，「在眞正的科學中，永遠不能證明一個假設正確。如果它被未來的觀測否定，我們就會知道它錯，可是如果未來的觀測證實這假設，我們仍舊永遠無法說它對，因爲它永遠要受到更未來的觀測的擺布。」

當然，科學家也是人，因爲是人，也如其他的人一樣喜愛「正確」的韻味。可是從亞里斯多德到愛因斯坦，最偉大的思想家都把他們信奉的主義認爲是暫時性及沒什麼把握的，其暫時性的程度要比歷史演義中聲稱的更小得多。例如，牛頓從未認爲他的重力理論是「正確」的。愛因斯坦在牛頓逝世二百週年紀念會上說：「我一定要強調，牛頓要比隨後各世代追隨他的科學家，更淸楚自己的智慧體系內在的弱點。這事實永遠激發我心中深深的讚美。」

哪來「科學革命」這回事？

政治家和記者及社會學家，並不傾向於讚美會承認自身錯誤的人；反之，即使承認一小部分的政策或理論是錯的，也常常會被糾纏成爲這理論以前是、現在也是毫無價值的東西。至少他們在談到形而上學時，經常把錯誤歸咎於誰，把正確歸功給誰，因而很容易形成一種縈繞於心的固執心態。

事實上，某一科學理念是正確或錯的這個問題，一旦進入了哲學領域，就染上了教條的色彩。一點也不奇怪：把理念明確地分類爲正確或錯的，可能在科學界中沒有什麼用處，可是從哲學觀點來看卻非常誘人。沒有一個人想要被留置在智慧的煉獄中，等待理論被證實爲正確（上天堂），或錯誤（被打入地獄）。因此科學理論的緩慢演化，就被哲學家重新改寫爲一連串的「革命政變」。

「科學革命不是科學家『造』出來的，」卡錫米爾寫道：「那是在事件發生後才『被宣布』的，通常宣布者是哲學家及科學史家……那些相信物理理論的應用是毫無限制的人，才會認爲逐漸演化出來的新理論具革命性，因而把這種看法變成一整支哲學的骨幹……物理學家可能會感受到這種敬意的恭維，可是不應當認爲科學家要對那些不可避免的失望，負任何責任。」

在科學中，當然會有某些理念要比其他理念更正確。可是你如何能把它們區分開？正確的理念似乎是那些能引導到更多的探索，引導到一整個新類的問題，引導到對知識更熱情的摸索。正確的事物傾向於把我們的眼界打開，而錯誤的則把眼界閉塞。在這種意義下，牛頓是對的，而像亞里斯多德的人則是錯的，因爲如加莫夫所說，「他對地上物件的運動及天體運動的理念，對科學的進步來說，其罪大於功。」這導致伽利略及其他人，窮一生之力嘗試去校正亞里斯多德不變的天穹、以地爲中心的宇宙觀……等等錯誤的觀念。

可是即使這樣解釋，也仍有異議。亞里斯多德最「錯」的東西，是他的斷言，說如果沒有力去推動的話，所有的物體很自然會靜止。在一本物理教科書中，作者紀安可利陳述如下：

不能說伽利略和亞里斯多德對運動的觀點是哪一個眞正正確，哪一個錯……亞里斯多德可能這麼論述：因爲至少在某種程度，摩擦力永遠存在，因此它是自然環境的一部

> 分；那麼很自然就可以說，當物體不被推動時，它們應當趨於靜止……也許亞里斯多德和伽利略之間的分歧點是，亞里斯多德的觀點幾乎就等於終結性的陳述，無法再進一步。而伽利略建立的觀點可以被延伸，去解釋許許多多的現象。

正確的理念是能生長出更多正確理念之花的種子，而錯誤的理念常常是不孕的，產不出果實。一旦牛頓得到了關於重力的正確理念後，他能解釋的東西還不只是落地的蘋果，或者月球的軌道。牛頓把整個宇宙以一種廣大無邊的力聯繫起來，讓後世的天文學家瞭解所有恆星及行星的運動及質量。

許多科學家說，這些「聯繫」就是引領到正確性的好導引，特別是在科學和所謂的僞科學（如星相學）之間畫出一道分界線。星象學「行星位置能影響你的日常生活」這理念，簡單說來，根本放不進任何人們對重力的知識及其他自然現象的體系中去。對任何似乎完全不能與其他知識聯繫起來的理念，一定要以懷疑的眼光去看待。

錯要錯得有價值

總結說來，「錯」的重要性要比人們想像中來得大，因爲一個好好地想出的錯誤理念，能用來和正確的理念做比較，那是跳到正確理念的始點。即使是到處都看得到的撞球模型，也是極有價值的模型，因爲它有很明顯的錯處。「我們從一開始就知道它是錯的，嚴格地說，它不可能是對的，」物理學家瑞德里說：「因此在這個特例中，評估它究竟錯到哪一程度，往往能打開一條直路。」

維斯可夫提起一個故事，說一位沒耐性的德國旅遊者問，爲什麼奧大利人還要不辭麻煩地印出火車時刻表；奧地利的火車從來不準時，總是遲到。奧地利火車的車掌答道：「如果沒有時刻表，就不知道我們不準時到什麼程度。」

許多科學的模型，維斯可夫說，就像奧地利的火車時刻表一樣。（維斯可夫之能說出這個故事，而不怕人批評他侮蔑奧地利人，因爲他出生在奧地利，而且一直是奧地利公民。）在這些模型中，有些是部分錯誤，有些是極端錯誤。「有趣的是，你能看出它們『爲什麼』錯及『如何』錯，」維斯可夫說：「你永遠需要這張時刻表。」

【注釋】

①譯注：溫伯格（Steven Weinberg），1933-，一九六七年首先提出電弱理論，統一電磁力與弱核力，獲一九七九年諾貝爾物理獎。著有《一個最終理論的夢》（Dreams of a Final Theory）。

②譯注：鮑立（Wolfgang Pauli），1900-1958，原籍奧地利的瑞士理論物理學家，創量子理論中「不相容原理」，一九四五年諾貝爾物理獎得主。生平充滿了笑話，以自負及語言尖酸著名。

③譯注：愛因斯坦證明在近乎光速時，牛頓力學不能應用。從這觀點來看，愛因斯坦證明牛頓是「錯」的，可是其實應當說，愛因斯坦把牛頓力學延伸了，能在近乎光速的範疇應用。一般物理學家認爲愛因斯坦的理論也不是終結的理論，因爲不能容納量子理論。以後也許會有取代愛因斯坦理論的新理論出現。

④譯注：柯思特勒（Arthur Koestler），1905-1983，匈牙利名作家，著有《日中昏暗》（*Darkness at Noon*），講在史達林黑暗時代的情形。

⑤譯注：波姆（David Bohm），1917-1992，美國量子物理學家。

⑥譯注：霍金（Hawking, Stephen），1942-，英國理論物理學家，《時間簡史》作者。

⑦譯注：埃拉托斯特尼（Eratosthenes），公元前270-190，希臘科學家，首先量出地球的半徑。

第三章

瞧出端倪

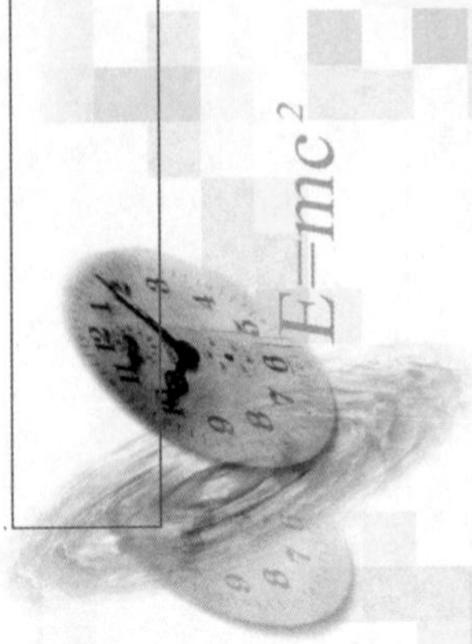

看來，我們從噪音中檢出訊號的本領還相當不錯。

——佛羅里達州立大學天文學家平納①

而有時我們還是相當富於想像力。

——加州大學洛杉磯分校天文學家格芝

多年前，當我首次鑽入這個奇妙的愛麗絲奇境——粒子物理，這個夸克、膠子、奇異及魅物體居住的夢幻之國時，我問我的物理學家朋友，如何能相信眞有這些似乎只存在於瞬間的東西？這些都是沒有人能看到的東西。他的回答是：「那就看你認爲『看到』

這詞是什麼意思了。」

我和許多人一樣，總覺得當我聽到物理學家很自信地聲稱，已經「看到」從泡沫中冒出的、僅存在極短暫的十億分之一秒時間內的粒子，或者搖擺於一百億光年之外、在時間及空間邊緣，質量極大的似星體②，我總有點疑心。我知道的事實是，他們從未看過這類東西。夸克及似星體對肉眼來說，都是不可見之物。物理學家最多只看見，在次原子的對撞中，一張畫出不同粒子軌跡的圖上顯示的一道曲線的結突，或者在矽探測器上一枚一百億歲左右的光子留下的微弱足印。真相是，這些「目睹事件」是從好幾小時的電腦計算及一長串的推理及假設中，辛勞得到的結論。這些事幾乎不能觸發出一聲狂喜的「我知道了！」③（或者如哥倫布水手在看到新大陸時，發出的狂呼：「喂！看到大陸了！」）有時科學家說看到的東西，那與眞正的夸克或似星體其實還有段差距，使得人們不禁懷疑，科學家（或者我們）是否應當相信他們的眼睛。

物理學家以讓粒子對撞的方法，及分析它們蹦跳到電子探測器之後產生的模式，來「看見」異種粒子。第一個「看到」原子核的人用的也是很類似的方法，不同的是，當時的電子探測器是人眼④。在第一次大戰期間，拉塞福把一個放射性岩石放出的粒子束射向一片薄金箔靶。大部分的粒子都毫不受阻攔地射過，可是很奇怪，有少數粒子被散射到很大的角度，而有好幾個還被反射回來。「其不可能的程度，」拉塞福說：「就如你向一張紙巾射去一枚十五英寸口徑的炮彈，而這炮彈還朝你的方向彈回來。」

從這個實驗，拉塞福因而斷定原子不是如以前所想像的均勻分布的物質，而是像超小型的太陽系，大多數質量都集中在一個居中的核「太陽」（原子核）。大多數射去的粒子都直行無阻，因爲金箔的原子中大都空蕩蕩的；可是如果粒子射到了原子核，它就會被散射開，就如一枚撞球撞到磚牆一樣。

今日，物理學家同樣以不同的粒子去撞擊不同的靶，用奧妙的電子儀器去分析結果，因而能「看到」種種不同的粒子。可是眞相是，看到原子

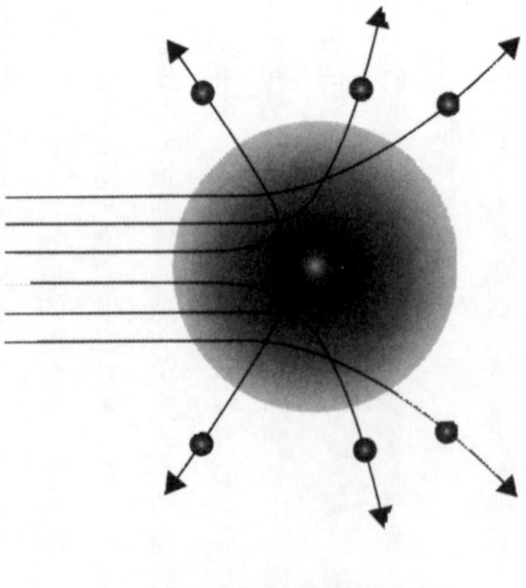

拉塞福怎麼看到原子的？

內部和看到一位朋友或看到一棟建築，並沒有太大不同；只是「似乎」缺少了眞實感，也太過抽象了，因爲這種「看到」的過程我們較不熟悉。不過，我們在日常生活中「看見」東西的過程，也幾乎不是你能稱爲「直接」的。

我們的「心眼」狹窄？

舉例來說，我看到這頁的書。這是因爲在我頭上，燈泡的燈絲中急速振動的原子，以及窗外、約一億五千萬公里遠的太陽，都送出來如河流般的光粒子，稱爲光子，其中有一部分射到印有黑字的白紙上。這些射來的光子中有一些撞擊到印墨的原子而被吸收了；其他的則被紙上的色素吸收了，剩下來的轉向，朝我眼睛的方向射來。如果有些光子射入我的瞳孔，它們就被一個透鏡聚焦在一片對光敏感的屏幕（視網膜）上。這屏幕是很奧妙的電子探測器，能把光子的能量、軌跡及頻率的資訊，都以數位形式傳到我腦中。經過辛勤的計算及一連串的推論及假設，我的腦斷定這些光的模式代表的是印出的字，傳達了這位作者隨意思想的粗澀譯意。

當然，我的眼睛和粒子探測器及望遠鏡一樣，都調整到只能去接收從外在世界來的資訊中的最窄波段。眼睛的瞳孔只是輻射海中的小舷窗。在閃著許多影像的宇宙中，我們仍然大都處於黑暗中。人的眼睛只能對波長在 0.00007 到 0.00004 公分之間的電磁波起反應。

可是當我在打字寫這書時，我仍被許多從原子大小到高山那麼大的電磁波所轟擊；這些電磁波來自遙遠的空間、我身體的內部、二十英里之外的電波發射機。我知道在這房間中這些訊號同我在一起，因爲如果我一打開收音機或電視，就突然能聽到或看到它們，道理就如我一睜開眼去看，視野就突然出現在我面前一樣。如果我還有其他的探測器（我的皮膚可以感覺到某些紅外輻射），我就能檢視到其他的訊號。可是我們每日行走在這個輻射訊號的稠密網絡中，卻一點也不覺得它們存在。

我們對許多資訊都很盲目，輻射只是其中一種。我們無法聽見大多數周圍的聲音。我們對化學的反應（味覺和嗅覺）和植物、細胞、或者狗相比，都差得遠呢。我們幾乎不能分辨熱與冷：眼睛矇住的人不能分辨他的手是被熱烙鐵或被乾冰所燙。即使我們對力的認知，也受身體的尺度所限制。我們能很容易地感到重力拉引，可是對空氣阻力的拉扯一點也不敏感，表面張力對細胞及蒼蠅的生活說來是一種主要的力，可是我們一點都不敏感。在空氣中行走時，你我不必像小蚊子一樣要把空氣推開。另一方面，對小動物來說，電的吸力相對是強多了，因此蒼蠅能完全不顧重力的影響爬上牆。可以說，批評我們「心眼窄」（或者「麻木不仁」）還算是客氣話。

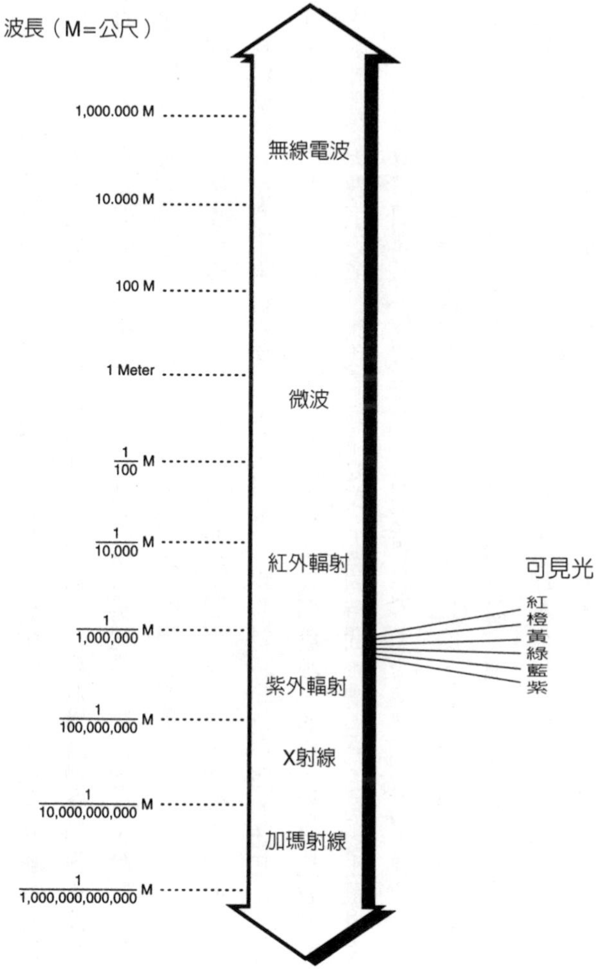

可見光是電磁波譜中很小的一截片

跨出自己的蜘蛛網世界

博物學家愛詩禮（L. Eiseley）寫到在樹林中看到蜘蛛網的經驗。這蜘蛛受限於牠自織的二維宇宙中，完全忘卻了圍繞它的植物及人們，甚至於愛詩禮拿鉛筆去碰牠，也不理會，「蜘蛛在蜘蛛的宇宙中思想，對雨點及蛾所引起的顫動很敏感，除此之外什麼也不管，對出乎意料之外的事一點也沒準備，例如碰觸牠的鉛筆。」

我們也住在蜘蛛網中，一個在我們四維空間中織出的三維蜘蛛網，看不到前後上下；直到現在，我們才開始注意到廣闊的宇宙。我們對時間及空間的認知，大都限於自己經驗中以及相對說來和我們大小類似的事物。我們發現，要想去領悟比我們能用手指及腳趾計數的大數字，或者比我們壽命要長很多的時間，遭遇到的是幾乎難以克服的困難。要看到周遭的蜘蛛網以外的事物，我們在想像力上需要極大的大躍進。

從我們「蜘蛛瞰」的觀點來看，世界明顯是平坦的，世界也很明顯地靜止不動。伽利略大概是第一位創議這個理念的人：僅只依靠實驗，並不能知道我們是在運動中或是在靜止狀態中。他說：在一艘四平八穩的船上，如果你坐在完全封閉的船艙中，看不見外面。你看到一些帶翅的小動物如蚊子在室內飛，你望著魚缸中的游魚，而且把物體丟上扔下，注意物體如何落地。不管你做了多少次實驗，「都無法辨別上述物體的運動有什麼改變，你也不能從這些物體的運動推斷出這船是在運動中還是靜止不動。」

在赤道看到的「靜止不動」，其實是在運動中。赤道的地方繞著地軸，以令人暈眩的每小時一千六百公里高速在轉動。再者，這個旋轉的地球的中心，也繞著太陽飀飀地以每秒三十二公里的高速奔行。整個太陽系也繞著銀河系的中心，以每秒一百餘公里的高速旋轉，而我們的銀河系則朝向鄰近的仙女座星系，以每秒一百餘公里的速度奔去。還不止於此，如果你從一枚遙遠的似星體的所在地來看地球，你可以看到我們以每秒二六五〇〇〇公里、近於光速的速度奔馳離開它。

伽利略走出他的蜘蛛網時碰上的東西，後來被愛因斯坦用來精煉出相對論。愛因斯坦看出了其他我們不能認知的東西，如時間和空間的彈性。我們受了自己感官所騙，相信適用於自身三維空間的歐氏幾何，也是能適用於整個宇宙的幾何。愛因斯坦走出他的感官經驗之外，他看出來，如果物體運動得很快，質量會有微量的增值。不必介意我們粗糙的知覺感測不出這增值；限制因素其實來自當年的儀器。今日的粒子加速器已經很容易可把粒子加速到近乎光的速度，我們發現，粒子的質量增加了四萬倍！

除了我們「無能」看出的東西外，另有其他我們「故意不看」因而看不出的東西。現在，我選擇不去注意我呼吸的聲音，不去察覺戒指施加在我手指上的觸覺，不去看我鼻樑上的眼鏡，甚至於不去看我的鼻子。百葉窗及瞳孔的目的不是把資訊放進來，而是把資訊排除。每一位用過照相機的人都知道，太多的資訊（景像）使人目眩。如果你把貝多芬的九首交響樂同時播放，你聽到的只是噪音。

可是要去決定，哪些是要留下的資訊，哪些是要摒除的雜訊，是件危險的事。最近曾有四個人坐在我家客廳中，坐在一個聲音很響的古董大鐘下方。在三點零五分的時候我問他們，這鐘打了三下沒有。兩位堅持只打了兩下，其他兩位則堅稱鐘沒有打過。我們的眼睛自動忽略掉大腳及注意力之外的影像，可是對客觀的照相機來說，它們卻纖毫必露。分心能把大批的資訊消除，這就是爲什麼「傾聽」（listening）和「聽」（hearing）之間有區別。不能同時傾聽兩場談話是事實，眼睛聚集注意力看窄細的景像時，就看不到這窄細景像以外的東西⑤。

把資訊從「雜訊」中銓選出來是所有認知中最重要的過程，可是它明顯的也是能暗藏錯誤的詭雷地。有一個心理學上常用、簡單而很醒目的幻覺圖，在這圖中你先看到的是兩個面對面的側影，可是突然又覺得它像一只花瓶，這只花瓶又突然間消失了，代之的是兩個面對面的側影。你不能同時把它看成花瓶，又看成面對面的側影，因爲你不能把同一樣東西同時看成前景、又看成背景（或者看成資訊、又看成雜訊）。任何被視爲背景的東西，立刻變成好像不存在，即使你直向它瞪視。這就是所謂的「視而不見」。

還有，視而不見的東西往往是我們最熟悉的，譬如鼻樑或眼鏡，日落及孩童的吵鬧聲亦然。不變的訊號往往使我們的感官感到疲乏，因而使我們的反應能力麻木。狗能在各種日常生活的噪音中熟睡，可是一個闖入者的輕腳步聲卻能令牠機警跳起；有許多父母能在警車呼嘯聲中及垃圾車的砰然噪音中熟睡，可是新生愛兒的細聲抽噎或嗚咽，卻能使他們驚醒。

殘像原來是如此

感官的遲鈍大都是學來的。不過有些卻是自動的，即有些訊號實質上會把感官疲乏到我們無能去注意的地步。也許最常遇到的例子是心理學上說的殘象（afterimage，又稱爲後像）。

如果你朝一亮燈瞪眼看，或者早上睡醒剛打開眼時，看到從百葉窗縫中射出的太陽光，你可能把頭轉開，可是立刻又看到這些影像仍然殘留在視野中。原來的影像是明亮的，殘象卻是暗的，因爲它們相應於你視網膜上被光「漂白」過的地方。被光漂白後，視網膜失靈一陣子，因此這些地方無法反應。它們不能送資訊去腦中，說這裡是白牆、這裡是藍天。可是視網膜其他部分的反應卻是正常的，因此你看到的是正常的背景，而在原來有強光照過的地方，留下被強光「閃」過的暗影像。

有些畫家的作品甚至於也利用殘象的原理。當你的眼對某種顏色疲乏之後，看到的部分會出現補色。例如，你朝牆上一幅畫的大紅塊看個約十五秒左右，你眼中對紅色靈敏的部分就感到疲乏了。如果你朝白牆看，你的眼會把以下的資訊送去腦中：除卻了紅色的白色。因爲除卻紅色的白色呈綠色，因此你看到的就是綠色。（如果你朝一綠點看，然後朝白牆看去，你看到的就是紅點。）

運動感官的機能也是一樣。如果你在房中不停繞一個方向打轉，你很快就會失去了對不變訊號的反應：它們不再送訊號到腦中說你沿著順時鐘方向打轉；沿著順時鐘方向打轉就和「停住」同樣意思。當你停下不轉後，這些疲乏的感官反而是送一個訊號到腦中去，說「不再停住了；朝反方向轉」⑥。於是你感到你朝逆時鐘方向轉。如果你朝著向下流的水注視十五秒左右，然後再朝地面注視，你看到的是地似乎「向上落」，這個現象很恰當地被稱爲「瀑布效應」。

感官機能的疲乏，有時能讓你認知出與收到的訊號相反的現象。

聰慧的科學家（或作家、或父母、或醫生、或木匠）就是擁有「集中注意力於重要事物」這個特別才能的人，既能把訊號和雜訊分開，又能知道在什麼時候，看似雜訊的訊號含有重要資訊的呢喃聲。

「像」由心生

科學儀器大幅延展了我們的感官機能。的確，美國量子物理學家波姆斷言，「科學主要是一種把我們對外界的認知能力延展的方法」，目的乃在促進「我們對於自己接觸到、不斷增加的世界截面的覺察及瞭解。」

工技已經揭露出極廣闊的新展望，打開了未被開發的時間、空間及溫度的領域。現代的望遠鏡及粒子探測器已經打開了我們看不見的電波及加瑪射線（高能X射線）的視野，給我們帶來極豐富的影像。所謂基本粒子的數目如野火一般地增加，因爲能「看」到它們的儀器愈來愈好。同樣的，天上星星的數目亦然，還有這些宇宙動物園的新客，如脈衝星、似星體、及可能繞行太陽以外的恆星的行星。我們朝遠處望去，朝以前的時間望去，也看到我們遺傳基因的構造，看到恆星如何誕生，看到病毒的形態。我們能測量更小及更大、更冷和更熱、更快和更慢的物體，比以前能「看」到的更爲之大或小的東西。利用高速電腦，科學家可以推算到宇宙的末日，或者時間開始（宇宙創生）的時候，或者到地球的中心去。他們能「看到」化學反應時、粒子撞擊時、颱風醞釀時，發生了怎樣一回事。

「我們多富有呀，」作家墨奇說：「我們能用現代科學去透視這些世界……不必和以前的人一樣，只是幻想盤算，星球是從天穹的幕上掛下的珠寶，還是把創世遮住的星穹外殼上的窺視孔！」

我們的宇宙心像轉變得這麼快的一部分原因是，我們看的能力成長得很快。這就是爲什麼今天看來正確的理念，明天就這麼容易被推翻的理由。我們看得愈多，要去校正視野的地方也愈多。「早期對宇宙的描述以自我爲中心，而且都基於人的尺度及觀測能力，」英國心理學家格雷高利在他討論知覺的佳構《有智慧的眼》一書中這麼寫道。在科學發展之前的哲學大都基於人的知覺。可是我們現在知道，有許多若不透過科學就看不到的事物。格雷高利寫道：「仍有我們眼睛看不到的星體，這個簡單的事實，使天穹是人類舞台背景的這類想法，變成不切實際。」

科學的認知自有一種與個人的認知不同的權威性，因爲科學的認知能同別人分享。這是許多人都能同意的看待事物的方法；或者至少能同意有這麼一個共同的思考方法。科學的認知過程在本質上大致是相同的：科學家以蒐集數據、量度、作假設、下結論來「看」。「對普通人來說，基本粒子不像是眞實的東西，因爲它們不能用普通方法來認知，」麻省理工學院的物理學家奇士塔考斯基（Vera Kistiakowsky）說：「像天文這類的東西似乎是眞實的，因爲你能用肉眼看到恆星。可是即使如此，整部天文學也是推斷出來的。所有的科學都基於衍生的（secondary）資訊在作解釋。」

所有的認知都牽涉到衍生的資訊。我們看到的東西總要比直接到達我們眼底的多。在我們眼中，在那小小的視網膜上，光形成了上下顛倒的模樣，既有洞又有斑點，七歪八扭得不成形。大多數我們看到的東西都形成於腦中。如果我真相信我的眼睛，當人們走開時，我就會看到他們都縮成姆指大小的人。可是事實上，所有我的視野都留在我的體內。這就是腦的功用，把我們眼睛後面的視網膜看到的「在那裡的東西」投影到空間的任何地方，產生了一種某物的觀念，不論其大小遠近。

這眞是難以置信的工作。非但視覺，所有的感官經驗也都在我們體內產生出來。可是我們仍然把這些性質歸屬於體外的事物。我們說冰淇淋嚐起來很甜，或者覺得桌子硬，其實那都是「我們」嚐出來的甜味或感覺到的硬度。

科學不再以人的感官去探測世界

伽利略認識到顏色及嗅味這些品質的眞諦，「不能把接觸到物件時感覺到的輕觸或痛感，歸屬於這些外界物體的本性。」我們不是被羽毛呵癢或被筆尖所刺痛；這些感覺都來自我們腦中對一些電流訊號的解析。

「每個人都活在逃不出去的精神監牢中，」京斯爵士寫道：「這監牢就是我們的身體；唯一能同外界溝通的途徑，是透過我們的感官——眼、耳，等等。這些感官成爲我們能觀望外界及獲得知識的窗戶。」

我們新發現的科學感官機能，離開直接詮釋還要更遠。例如，用特長基線干涉儀⑦能看到似星體的影像，其實這些影像只是把好幾個單獨的電波望遠鏡天線收到的訊號，都記錄下來，以原子鐘把它們同步後，再以電腦合成出來的圖像；這些電波望遠鏡之間的距離可能有六千英里之遠。它們不是普通的「影像」，而是干涉模式，就如光線穿過兩道狹縫，在屏幕上產生出的波紋模式——兩個看不見的模式合併時衍生的模式。

科學不再以人的感官去探測這世界。眞的，近年來，許多科學知識和我們的感官意識完全矛盾，這就是爲什麼一般人很難去接受量子力學及彎曲空間的原因。環繞我們情景的聲音和物體及運動，並沒有被切割成量子級的小片，有如電影是由一張張動畫組成的。圍繞我們的空間也不像彎折過的。「這就帶入了一個奇怪的形勢，」格雷高利寫道：「從某種意義說來，物理學家不能信任他自己的思考。」可是，他又指出，我們必須要以這些物理的「非感官認知出的觀念」來學習：「我們因而面對這問題：如果運用了和感官經驗不相連結的觀念，人類的頭腦能運作到何種程度？」

這問題的解答一定是，有不只一種正確看待事物的方法。如果我們以耳去傾聽巴哈的音樂，而再以電子探測器去「傾聽」，我們得到的是大不相同的兩套訊號。這兩種認知同樣都是間接的。

去認知現實，有許多可利用的窗戶。其實愛因斯坦最激進的觀念和時空的多元現實有關，即我們認知出的時空被我們用來標誌它們的方法所決定。「除了我們認知出來的物體的次序及排列之外，空間沒有客觀的眞實性，」巴涅特（見第4頁）寫道：「而除了事物發生的前後次序之外，時間也不能獨立存在。」⑧

凡事只有一個觀點才是錯誤的

畢竟認知是很「積極」的過程，我們並不坐在這裡等待資訊如雨般地落來。我們走出去，把它們搜尋來。在這個過程中，我們把它們改變了，甚至於還創造些資訊。關於物理學家去「看」基本粒子的過程中，最奇怪的一件事是，他們經常以其他粒子的能量創造出某些粒子，因而使它們能被看到——這似乎不是太「公平」的事。可是就如物理學家莫里遜所說的，如果你不把電風扇關了，或向它丟一塊石頭，你就無法看到那疾速旋轉的扇葉。你不能把你的手放在電波前去感測收音機的電波，可是如果你有辦法把身體的接受器調到共振頻率，你就能感測到。這時，收音機放出的聲音，就和加速器中創造出而探測到的粒子一樣。

我們看到的完全依賴我們在找什麼，也依賴我們的觀點是在哪裡。從飛機上看到的房屋，形象和站在房子正門前，或坐在疾馳的汽車裡、從車窗望見的不同。如果嬰孩只看到玩具的頂，他不能認出這就是同一個從邊上看到過的玩具，因爲二者看上去大不相同。哪一個才是正確的觀點？也許「認爲只有一個觀點才是正確的」，這觀點才是錯誤的。就如嬰孩和他的玩具一樣，我們可能忽略了一兩件東西。時與空、能量及質量、波與粒子，都是同一東西的不同形態。

可是蒐集、安排及分類外來資訊，僅是第一步。我們仍然要做這個決定：那是什麼？這些資訊的意義是什麼？介子或質子？街燈還是月亮？影子還是竊賊？行星還是恆星？

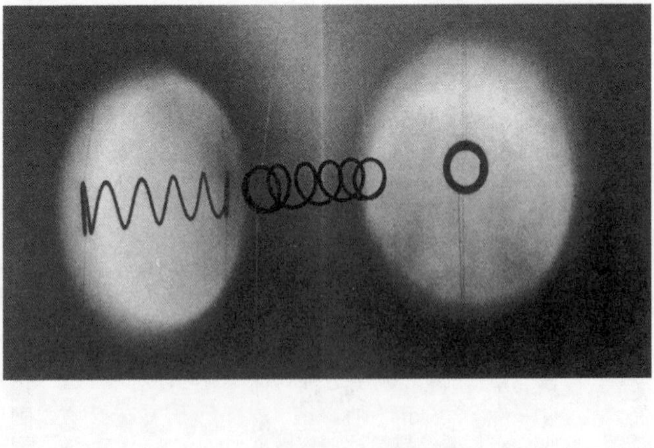

彈簧的一個影子是圓；同一彈簧的另一個影子是波。如果你只能從彈簧的影子去認知這彈簧的話，你可能會斷言它是兩種完全不同的物體。

（Copyright 1980 by Nancy Rodger）

很近的黯淡物體和很遠的明亮物體，看起來一樣。把你的姆指伸出去比一下窗外遠處的房子大小，這房子可能不比你的指甲尖大，那麼你怎樣知道房子不是那麼小？「當一枚比碗豆小的隕石落在空氣中，」京斯寫道：「它送到我們腦中的電流信息和一顆比太陽要大一百萬倍及百萬倍遠的恆星一樣。原始人立刻斷言這小小的隕石是一枚眞的星體，而我們仍然把它稱爲流星。」

除非你轉頭朝後面看，你不知道後面有什麼東西，可是我們看到後面的東西時，並不覺得奇怪。你不知道下一步踩到的是不是硬的土地，可是你就是有信心。有時我們會受騙：在數英尺外飛翔的絨毛，看上去像是幾英里以外在天上飛的飛機（反之亦然）。可是我們在多數情形下，都能非常準確地估計出我們熟悉的世界裡的事物大小。

關鍵在於熟悉。如格雷高利指出的，認知是用以前儲存的心像來看待現在的事物；認知是選擇一個最可能的（最熟悉的）事物，當作「這是什麼？」這問題的明顯答案。「頭腦對於最可能的事物的接受，隱含著某種危險：要看出不尋常的事物，一定很困難，甚至於不可能看得出來。」格雷高利注意到這一點。他提出這個問題，如果認知的過程是一種以過去得到的有限答案的總和去認識這世界，「那麼如果我們面對某個獨一無二的東西，會怎麼辦？」

答案是，我們就看不到。十七世紀的荷蘭科學家惠更斯⑨以他自製的望遠鏡觀測土星，畫出很詳細的土星表面圖，可是他從未注意到現在很熟悉的、不尋常的土星環。「我們非但只相信自己看到的東西，」格雷高利寫道：「到某種程度，我們也只看到自己相信會有的東西……這些在我們信念上的涵意，實在令人感到恐懼。」

幾乎可以說，格雷高利不是唯一得到這種結論的科學家。博物學家愛詩禮寫道：「每一個人在解碼大自然的古老事物時，只去解那些他心中有能力去解釋的祕密。」梅達華爵士⑩在他的書《給年輕科學家的忠告》中，完全摒棄了「所有的科學發現都來自到處去看看」這個觀念：

我自己認爲這是一種錯誤的推斷，把任何的發現都認爲如是而來。我認爲巴斯德及方特涅爾⑪會同意我的說法，頭腦早已在正確的波長上。這理念的另一個表達是，這些發現開始於已經暗藏在心內的假設，也就是說，對世界的性質已經有了富於想像力的先入之見，或者預期它如何出現的方式早已存在於腦中，而絕不是來自被動，先去獲得由感官得到的證據，再去熟思出來的……眞理「並未」早已藏在大自然之中，等待人們去發現……每一個發現，每一個把瞭解的擴充，都是以富於想像力的先入之見去預知這眞理的眞諦。

事實上，要把這「眞實」世界的心像從我們先入之見的影像中解開，是很困難的事情。我們知道的宇宙有多少是我們眞正發現出來的，還是我們認爲是如此的？

先入之見畢竟是好臆測。那是我們需要的捷徑，能使外界來的資訊不至於把我們壓得不能喘氣，可是絕不能認爲它們是眞理（這很必要）。

我們以一本書的外殼來斷定其內容，因爲我們沒有時間去看每一本書的內容。我們假定一張由窗子向外張望的臉，後面一定跟著一個身體；某個看上去像一棵樹或一艘帆船或一顆星星的東西，大約就是那些東西。我們以自己似乎熟悉的一大堆事物的前後脈絡關係來認知模式；即使是小孩也似乎直覺地知道，聖伯納救難犬同北京長毛狗都是「嗚嗚」（還不會說話的小孩的模仿犬吠聲）。

可是很重要、必須謹記的是，決定這兩種看起來大不相同的動物都是「狗」的是我們，就如我們把廚房用器「斗」用來稱呼一群恆星排列的形狀一樣。看見月亮當中有「人」的也是我們。隨手拾來的判斷，其有用程度及必要性，和它們能令人誤解及易犯錯誤的程度一樣。

「我們不能以爲認知到的原始數據、不能假設所有認知到的『事實』，都是能成爲知識基礎的堅實磚塊，」格雷高利寫道：「所有的認知中都裝滿了理論。」

記憶並非不折不扣的紀錄

我們看到的都是對自己說來熟悉的東西，同時我們也選擇出自己想要看到的東西；這兩者常常是同一回事。按照最近關於記憶的研究，如果人們互相談話只爲了以後完全不同意他們說的是什麼，那麼事實上他們眞的認爲「聽到了」不同的東西。

「記憶並非不折不扣的紀錄，」哈佛大學的心理學家沙克特（Daniel Schacter）說：「它比較像一種演變中的塑像。」實驗室的研究已經顯示出，我們記憶事物的方式有一致性的偏差。例如，按照華盛頓大學的記憶專家洛夫士斯（E. Loftus）所說的，記憶經常用來吹噓自我、自尊，「我們記得自己捐錢給慈善機構的次數，往往比眞正捐過的次數多；我們搭乘飛機的次數要比眞正乘過的多；我們認定的自己小孩學會走路或說話的時間，要比他們眞正會走路或說話的時間早；我們記得的投票次數也比眞正投票過的次數多。」

我們看到的是什麼，也與文化有關；這偏差甚至還適用於我們透過應當是客觀的科學所看到的事物。當人們第一次使用顯微鏡時，大都只看到自己的眼睫毛，或者隨機的閃光。要教他們如何去看變形蟲（最普通的單細胞生物），就如「必須要教育」他們種族歧視的不當一樣。

文化也影響到科學家看到的是什麼。影響之大，使得沒有任何一部歐洲編年史提到一〇五四年爆炸的超新星，雖然這星照耀天空好幾個月。那時代正當歐洲宗教信仰的高峰，沒有人去記錄，因爲沒有人認爲它重要。它被歷史過濾掉，就如我客廳中的鐘鳴聲被過濾掉一樣。⑫

伽利略第一次遭遇到麻煩的原因是，他有膽量去看出這類的超新星。「在天上出現了一枚超新星。」物理學家加莫夫寫道：「而按亞里斯多德的哲學及教會的教誨，天穹絕對不會有任何變動。這事件因此使許多和伽利略同時代的科學家及教會中的高層神職人員，變成他的敵人。」伽利略的望遠鏡顯示出許多發現，其中有：金星及水星和月亮一樣，有時呈新月形狀，因此就含有它們繞日旋轉的意義。可是他看到的「確定是超過宗教法庭所能允許的，他因此被逮捕，受到長期單獨監禁。」

我們不必回顧歷史，也能看到這類被文化薰陶出來的有條件認知。誰會想到，人們受到文化的影響，認爲房間的牆都以直角相交，因而寧願看見人變小了，而看不出房間變了形？可是這就發生在心理學家愛姆斯（Adelbert Ames）發明的極有名的變形屋實驗中。這變形屋的形狀歪扭，牆不以直角相交。人們從一條窄縫去看某個人從這房間的一端走到另一端時（做成窄縫的原因是使人們看不出立體感），要做出一個認知上的決定：如果不接受人的高度會從一端到另一端變高或變矮，就要接受這房間很特別，不呈普通房間的長方形狀。人們習於接受直角，因此都認爲房間中的人從一端走到另一端時，會變矮或變高。

即使我們認爲遠處的東西並不眞正縮小，這認知多多少少也是環境造就出來的。一位拜訪舊金山探險博物館的心理學家告訴這館的工作人員，一族樹居的侏儒族人的故事。因爲生活在濃密的樹林中，他們沒有看遠處物體的經驗。有一天這族的人窺視到一群遠處平原上的牛羊，他們理所當然地假設這些都是很小的動物，也許只有螞蟻般大。你可以想像，當他們走近看時，這些動物突然變大，這些侏儒會感到的恐懼感！

看光學幻象是件趣事，可是幻象能帶來失望。通常這些幻象牽涉到的是與我們日常觀點之間的差異，與我們先入之見的實體觀念的矛盾。預期中的認知，非但使我們不可能看到物體的正確形狀，也使我們看到「不可能」的東西。

這裡要提到的是「不可能的三角形」，這是三支以直角相接的厚方樑木。當然，沒有哪個三角形的三個角都呈直角的。可是這個「不可能的三角形」不是普通的二維三角形，但從某個角度去「看」就像一個三角形，你看不出它是一個不熟悉的形體。它看上去好似不可能的原因是，我們堅持它呈現的是熟悉的三角形狀，而不是我們不熟悉的眞形狀。反過來說，這個不熟悉的形體反而看似不可能，「雖然在那裡它實實在在地存在，」格雷高利說。

我們經常把眞實的東西錯認爲不可能，卻能經驗到不可能的東西。例如，你把一手放在冰水中，另一手放在熱水中，然後把雙手都放在溫水中，一手會覺得冷而另一手會覺得熱，雖然雙手都浸在同一溫度的水中。

另一方面，如果你觸到同一溫度的金屬及保麗龍，觸到金屬的手會感到較冷⑬。

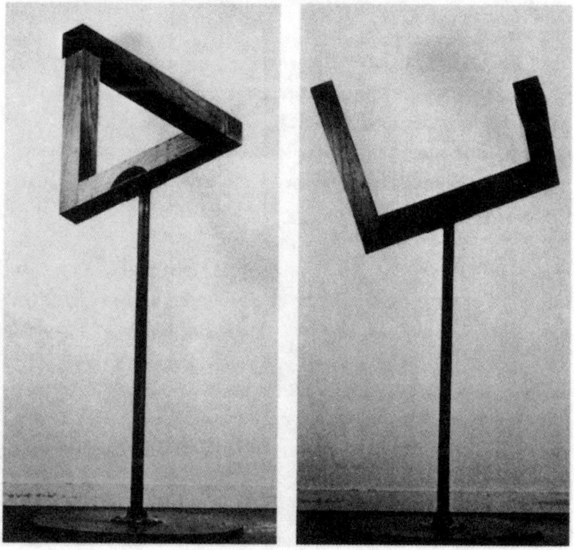

「不可能的三角形」能呈現出不可能的形狀，原因是，我們堅持要看到一個熟悉的、稱為三角形的圖形。去認知出完全不熟悉物體，才是真正不可能的事。（Copyright 1980 by Nancy Rodger）

感官仍然繼續愚弄我們

僅靠智慧知識，也不能改變我們認知出來的是什麼。即使我們知道不可能的三角形、變形屋、熱冷水的感覺原理，它們仍然繼續在愚弄我們。我們仍舊看見太陽「上山」及「下山」。我們看見星星掛在平坦的天頂上，看見地球如平面似的展開。我們看到的月亮約三十公分大小，懸浮在大約兩公里外的地方，即使我們知道它是直徑三千公里的大球，懸浮在三十六萬公里之外。

朝太陽看，嘗試把它看成一億五千萬公里外的恆星。但這是不可能做到的事。「要把認知到的形態與知識相符合，需要花功夫，」格雷高利寫道：「如果十八世紀的經驗主義者知道這一點，哲學發展的途徑也許會大不相同。毫無疑問的，在政治理論及審判上也有其隱含的意義。」

特別要指出，月亮是「上天賜予用來研究知覺的物體，」格雷高利說。它的大小及距離與我們認知出的，差距約為一百萬倍。可是格雷高利說，眞正令人驚奇的是，我們還能把它安上大小及距離。那時我們還沒有參考座標系，對這麼遠而大的物體毫無經驗。那麼，我們又怎樣知道恆星的亮度、似星體的大小、以及到極遠星系的距離？答案是，我們製出一長串的假設。如果這些假設中有一個稍有誤差，我們認知出的結論就會大錯特錯。

事實上幾乎每個人都知道，月亮在天空中的大小依我們假設它在什麼距離而變。當月亮在地平附近時，它看上去要比高高在天上時大些。還沒有一個廣爲人們接受的理論來解釋這是爲什麼。有個理論說，因爲天穹的幕頂似乎要比地平來得近，因此同一物體，如果較近，看上去會較小，才能在眼中形成同樣大小的心像。放在房間那端的一個壘球，與放在臂端的乒乓球，在你的視網膜上形成的影像大小相似。可是如果你不知道壘球的大小，你會看成壘球比乒乓球大，原因是它在遠處。當我們假設在地平上方的月亮較遠時，我們看出的影像也會較大。

此外，我們都有極多的經驗，知道飛過我們的東西（行星、球、飛機、鳥）在消退於遠距離時都變小了。如果它們看上去「並不」變小的話，那麼這種現象只能說是這些物體眞的變大了！同樣的事發生在月亮上，它並不眞的變大些，可是它似乎向遠處退去。因爲它的影像並不眞正變小，所以你只能假設它也變大。

如果這些論調似乎難以採信的話，你可以用一個簡單的實驗來自己證實。下一次一個亮光閃在你眼中時，立刻去看你的手，你可以看見這物體的小殘像浮在你掌上。如果你朝數英尺外的牆看去，然後再朝一座更遠的牆看去，這殘像會變得愈來愈大。如果你眨眼，這個殘像留在眼中的時間可以變長；你的大腦嘗試著去把這些「外生」的影像去掉，把它們推在一邊，可是眨眼可以把它們帶回來。眞正的影像大小已經銘印在你的視網膜上，也留在視網膜上。可是你的大腦自動使它看上去變大或變小——依假想的距離而定。

你也能改變觀點，來變動月亮的大小。當你在地平上看見那個「大」月亮時，如果你能倒著看，例如彎腰下去從雙腿中看，以消除從地平去看的觀點，月亮就立刻變「小」了。我們常常得把東西顚倒一下，才能以適當的觀點看出端倪。

其他對於我們認知能力的限制，有些與我們本身有關，因爲我們本身就是我們想要去研究的一部分對象（例如，你能不能很淸醒地去思考一下思想是什麼？）；其他的則是因爲，當你很貼近去看某物，你不免把它擾動。行爲科學家一直爲這個問題所困擾，物理學家亦然。沒有辦法可以同時去「看」一個次原子粒子的位置及速度，因爲在測量某一面向時，自然會擾動到另一面向。在嘗試觀看次原子世界時，如巴涅特所說的，我們就像一位盲者想要去發現一枚雪花的形狀及質地。一旦這雪花碰到我們的手指，它就融化了。

科學在尋找不變性

有些人把這些認知的限制認爲是，客觀的現實並不「眞正存在」。

這世界上充滿了許多重要、可愛、但就是無法去測量的東西。愛情是其中之一，憎恨、幽默及幾乎所有的感情亦然。如果你嘗試去一片一片地解剖一幅畫傳播的情感，可以確定的是，這情感會如雪花一樣融化不見（至少暫時如此）。

不管如何，對不同的人來說，「現實」具有不同的意義。物理學家玻恩這樣寫道：「對大多數人來說，現實的事物就是那些對他們說來是重要的。藝術家或詩人的現實與聖者或先知的現實，不能拿來比較，也不能和商人、管理者、或者自然哲學家、科學家的現實相比較。」

玻恩說，這不是說我們的感官得到的印象是「永恆的妄想」，相反的，我們常常能同意某種客觀的現實性質，即使它們有不同的外貌：「我頭一動，每眨一次眼，這椅子看起來就不同，可是我知道它是同一張椅子。科學的工作僅僅是去打造這些不變性，尤其當這些不變性不是很明顯時。」

我們在科學方面對現實的認知不斷在成長中，對科學的信心逐漸增加，就如嬰孩在他或她的物質世界中逐漸獲得自信一樣。我們非但假設，還加以測試。如果同樣的東西發生的次數夠多，我們對理論的信心就會增加。如果這鈴鼓每次從桌面滾下就會落地，這就不可能是偶然發生的事。如果我們以眼睛看到的事物，又被嗅覺及聽覺證實，更好。而如果其他人似乎和我們一樣，感覺到同一件事，那就更能使人信服。我們不能摒除認知的主觀成分，可是我們能抑制它們。玻恩寫道：「不可能向任何人解釋我說這句話『這東西是紅的』或『這東西是熱的』的意思。至多我只能發現別人是否把這東西稱爲紅或熱的。科學是把目標放在字語和事實之間更密切的關係上。」

我們非但是觀眾，也是演員

物理學家波姆斷言，我們認知出的是「不變性」，即在不同情形下不變的東西。當嬰兒學到，從不同觀點看，一只奶瓶能呈不同形狀，可是還是同一只奶瓶，他或她就學會了對奶瓶的認知。光速的不變性把愛因斯坦導引到發現狹義相對論的道路上去。這個令人驚奇的結論：時空呈相對性，來自一個更基本的洞察，即自然律（和光速一樣）在所有情形下都呈不變性。

觀測及信念之間的關係，把我們的信念加強了。我們愈能把更多的線索連結在一起，織成的關係愈緊密，因認知的盲點而使我們忽略某重要東西的可能性就愈小。非但這個鈴鼓會落在地上，連月亮也向地球下落，而地球則朝太陽下落；河流、雨、冷空氣都向這行星的中心沈去。當更多又更多的現象能被重力解釋之後，重力的威力增加了。因此，在天文物理及粒子物理中，即使有許多理論上也不能眞正「看」到的東西，可是因爲物理學家能把許多拼圖拼湊成形，自信心也因此增強。維斯可夫說，一旦有些內存的理念在基礎上有錯誤，「我們對原子現象這個廣闊的科學領域的解釋，將變成充滿了錯誤的網絡，只能把它令人驚奇的成功看成難得的巧合。」意思是發生這種錯誤的可能性極低極低。

我們天賦的認知一定會有限度，不時會使我們受欺騙，因此沒有必要去希望這些限制會消失不見。我們只能接受英國天文大師艾丁頓爵士⑭注意到的這個現實：對有理性的人類來說，任何眞實的自然律很可能看似不理性。可是我們仍然能按照科學家的做法去做，以減少誤差：我們能嘗試瞭解我們的儀器、刻度、位置、限制、參考座標系——簡言之，就是瞭解它們的原理是什麼。

也就是說，我們應當要瞭解我們的知覺。認知不再是像在伽利略的時代，認爲宇宙是一種被檢視的對象。我們現在知道我們是宇宙的一部分，任何妥當的觀測一定要把我們與生俱來的工具（如感官、思考等）包括在內。如原子物理始祖波耳說的，科學是極令人興奮的探險，我們非但是觀衆，也是演員。

【注釋】

①原注：以上這句話是平納（Robert Pena）在夏威夷島茂納開亞（Mauna Kea）火山頂，和加州大學洛杉磯分校天文學家格芝（Andrea Ghez）一同使用凱克望遠鏡（Keck Telescope）觀測時講的

話。

②原注：Quasar（似星體）是 quasi-stellar objects 的簡稱。似星體是發射出極多能量之源，在空間及時間上都是極遠極久的物體。我們還不知道它們的本質。

③譯注：相傳古希臘時期，阿基米得在浴缸中洗浴時，發現了測量國王金冠的黃金純度的比重原理，狂喜之餘，裸身到街上亂奔，一面跑一面大喊「Eureka」（希臘文「知道了」）。現在做爲突然發現難題的解答時，狂喜的驚呼聲。

④譯注：當時的儀器很簡陋。金箔前後面放了一片螢光板，以顯微鏡在暗室中看粒子打上去後發出的螢光。因此是肉眼發現了粒子撞擊。

⑤譯注：眼睛能看清楚的部分實際上很小，在這很清楚的部分之外，在所謂周邊視野(peripheral vision)看到的只是些印象。有些動物如羊則能全面看到，甚至於左右雙眼都可以同時看到不同的東西。有些心理學家認爲人眼之所以有選擇性，大約和人的智慧的演化有關，因爲如果有選擇性（即本書說的把某些資訊摒除），則易於專心。

⑥譯注：有方法防止這類「假訊號」。跳芭蕾舞及花式溜冰者，有時要轉好幾圈。在轉的時候，先把臉朝觀衆不動，等到身子幾乎轉過去以後，再把頭很快地轉過去，立刻再把臉朝向觀衆。這樣姿勢又美，又不會頭暈。

⑦譯注：特長基線干涉儀（VLBI, very long baseline interferometry）是許多電波望遠鏡聯接起來，用干涉儀的原理，使這些望遠鏡同步觀測，其分析力等於一座超級巨大的電波望遠鏡；這座巨大望遠鏡的天線直徑相當於這些電波望遠鏡座落的距離大小，例如，如果這些望遠鏡座落於地球的兩端，其分析力就如地球大小的電波望遠鏡。

⑧譯注：按愛因斯坦的理論，時間及空間具有「彈性」，大小能改變，看運動的速度而定，因此說時間

和空間都沒有客觀的眞實性。可是空間和時間雖然具有彈性，在空間及時間中事件的次序不能變。例如，某地方，A時間發生某事，在比A時間更遲的B時間發生某事。一位觀測者看到A和B之間的時間差，能被他的相對速度所改變，因此時間不是絕對的，而是具有彈性。可是A比B早，這個次序怎樣也不能變。注意，這個次序指的是同一空間點的不同時間事件。不在空間同一點的事件次序則可以變。同樣的，如果在空間中沿一條直線依序放了三件物件，甲、乙、丙。一位觀測者看到的甲和乙、乙和丙之間的距離依他的運動速度而變，因此空間也具有彈性，可是不管他怎樣運動，甲、乙、丙之間的相對次序關係不能變。

⑨譯注：惠更斯（*Christiaan Huygens*），1629-1695，荷蘭天文學家及物理學家，發現土星的衛星，又創物理學中光波動的惠更斯原理。本書中說他沒有發現土星的環，其實有點不太公平，因爲他在觀察土星的時候，土星的環正好平面對著地球，而環很薄，因此不易看見。約每十五年，土星的環平面會向著地球一次。

⑩梅達華（Sir Peter Brian Medawar），1915-1987，英國免疫學家，發現把抗原疫苗注入動物胚胎，該動物就會對該抗原產生後天免疫相容性，這對器官移植有重大貢獻。一九六〇年諾貝爾生理醫學獎得主，著有《給年輕科學家的忠告》（*Advice to a Young Scientist*）。

⑪譯注：巴斯德（Louis Pasteur），1822-1895，法國人，創微生物化學，證明生物不能自動起源（生物由生物生出），發明狂犬病疫苗、牛奶低溫消毒法，等等。當時德法戰爭結束後，法國賠償德國鉅金，可是估計由巴斯德的貢獻而得到的利益遠超過賠償的金額。方特涅爾（Bernard Fontenelle），1657-1757，法國科學家及文學家。他的作品在啓蒙時代時影響極大，最著名的書是《世界的多元性》（*A Plurality of Worlds*），闡明並支持哥白尼的地動學說（地球繞日動而非日繞地球動）。在一六八六年時，哥白尼學說還未完全被接受。不幸的是方特涅爾的理論基

於笛卡兒的渦流理論，此理論於次年被牛頓的力學擊得體無完膚。可是方特涅爾的書還是很成功。

⑫譯注：按宋史（及遼、金史）記載，這超新星出現時，白日可以看到，以後光度漸減，兩年之後才消退不見。現今在它出現的地方有一個星雲，稱爲蟹狀星雲（Crab Nebula）。超新星是恆星的核能完全用盡後，被重力壓縮崩潰的爆炸。二十世紀高能天文物理即發源於對蟹狀星雲的研究。本段中說「沒有人去記錄，因爲沒有人認爲它有重要性」，也許不盡然。這新星出現在新月的時候，明亮非常，該日這新星就在新月的邊上，不可能看不到，因爲連北美洲的印第安人也留下紀錄；考古學家發現他們在穴洞的畫中，有一個新月圖，在它的邊上有一枚亮星。一〇五四年時，歐洲正處於黑暗時期的最高峰。亞里斯多德的理論已編入基督教的教義中，這理論說天穹是完美的，不可能有變化。因此最可能的是，即使看到了也沒有人敢講，就和皇帝的新衣一樣。可是有一位義大利織繡帷的織匠大約不知道有這個忌諱，在一幅現今保存在威尼斯的織帷上織出了這枚新星，也許這位織匠就和講皇帝沒有穿衣的天眞小童一樣。這是歐洲唯一關於這超新星的紀錄。

⑬譯注：原因是，保麗龍不導熱，金屬導熱。

⑭譯注：艾丁頓（Arthur Eddington），1882-1944，英國天文學家，他的工作奠定了現代天文學的基礎。

第四章 科學的審美觀

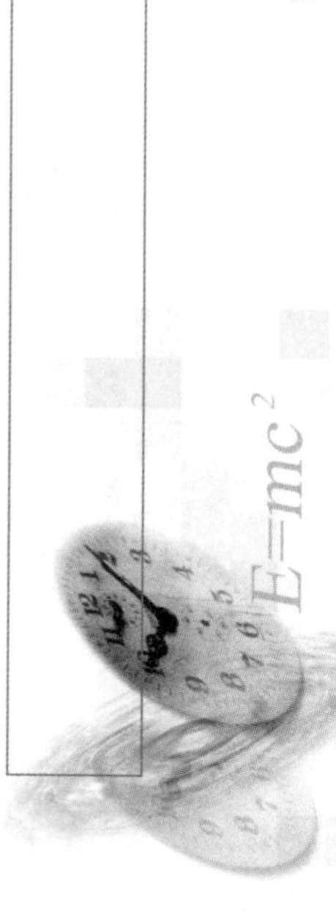

詩人說科學把星星之美拿走了；科學家說，星星只不過是一團氣體原子而已。沒有一件物體是「只不過」的。我也能在沙漠中清澈的夜晚看星，也能有感觸。天穹的廣闊展開了我的想像力——我小小的眼睛能收到年紀爲一百萬年的光。有一種廣闊的模式（我是其中之一）：也許我的組成是從某個被遺忘的星體所噴出……或者用帕洛瑪山頂的大眼（譯注：指這山上的二○○英寸望遠鏡）去看，看到那些從同一原點衝出的東西，在那裡也許它們都在一起過。

這些模式是什麼？意義是什麼？或者「爲什麼」？知道一些這些事並不會損傷它們的神祕性。這些眞理要比任何藝術家想像出的更加奇妙！爲什麼現代的詩人不描寫這些呢？能把木星①形容為人的人，是詩人，為什麼把木星看是一個極大的沼氣及氨氣的球體的人，卻得悶聲不語？

這段如詩的短文，出現於一本物理教科書的注腳中。正確點說，出自《費曼物理學講義》第一卷。它是最動人的論證，說科學加強了對自然界一切美感的愛慕。科學並沒有把大自然的情操和美剝掉，使它成為只是一群赤裸的方程。相反的，對於自然界的科學瞭解，能加深我們對它的敬畏及展延它的神祕感。

科學及藝術似乎是不太可能的搭檔，可是自從人們企圖瞭解周遭的世界以來，它們就已經並存了。《發現》這書的作者路特伯斯坦（Robert Root-Bernstein）從他的一連串研究中，斷言科學家和藝術家之間有許多相同處，而且比其他自由職業者，如商人及律師的相同處更多。

一點不奇怪，藝術家和科學家都被同一物體所吸引。自然及人性，都充滿了能吸引這兩種人的神妙特性。對植物學家及詩人說來，一棵樹同樣是一個肥沃的園地。畫家、心理學家、雕塑家及醫生，都研究母子間的關係及人體的形態。數學家及藝術家都被雪花的對稱性、正弦波、貝殼的螺旋形成長所吸引。物理學家、哲學家及作曲家也都在探討宇宙的起源、生命的眞諦，及死亡的涵義。

科學家冷酷無情？

有人說，可是一談到工作的方式時，彼此這些親和性就完全被擊碎了。藝術家以感覺去看待自然；而科學家則依賴邏輯。藝術探誘情感；科學家則要構出道理。藝術像養育小孩長大或從事社會福利工作，應當帶有熱誠（如果不是沈痛同情）；而科學和法律及製造業一樣，應當是理性、客觀、演繹的。科學家應當去想；可是藝術家應當要操心及關懷。

事實上，這種二分法太離譜了，並非眞相。一位不能自制的人只能做不入流的詩人，而謹守科學方法的科學家也不能揚名立萬。雖然由於某種理由，下面的說法似乎會令人感到不適，可是從每一點來看，科學家對科學工作的熱愛，就如藝術家對待藝術工作一樣。

以達爾文爲例。當他在加拉巴哥群島上翻尋那些最後變成他的天擇理論的證據時，你不能說他的心態是所謂的客觀及超然。他寫道：「我像一位賭徒，愛上了一個狂妄的實驗，我極爲恐懼……我依賴一種只有天知道的直覺，很難講出任何理由我爲什麼有這些意見……大自然的一切都十分乖僻，不會去做出我冀望的。我眞希望能去做自己的舊工作，不要做這新工作。」

在早期的量子論戰中，到處都看得到這種熱情。愛因斯坦說，如果要棄絕古典的因果觀念，他寧願做鞋匠，或者在賭場中謀職，也不願意當物理學家。他反對的理由乃基於一種他叫做「心靈的聲音」，他寫信給玻恩說，「這理論能做出的事很多，可是它並沒有把我們帶到離舊理論的奧祕更近一點的地方。」波耳稱愛因斯坦的態度「可怕」，因而非難他，稱他犯了「高度叛逆」罪。另一位對量子理論有很大貢獻的人，薛丁格②說，「如果每個人都要沾在這可惡的量子躍遷上不放，那麼我就後悔我與這東西有過牽連。」物理學家費米③在一九五〇年代也表示出類似的情操；當那些基本粒子的發現數目大量增加的時候，他把手一擺，說：「如果我能記得這些粒子的名字的話，我早就做植物學家了。」

也有一些較正面的熱情話語；狄拉克談到他發現的、最後引出反物質的方程時，他說這是「我生命中最興奮的一刻。」而愛因斯坦提起，宇宙是「偉大永存的謎，這謎像『自由』一樣地向我招手。」這些幾乎都不是你心中一直以為的，科學家很冷酷、毫無熱情。④

如沙通（George Sarton）在他的《科學史》一書中所寫：「和藝術一樣，在幾何學中也流過血、流過淚……只有笨人才會宣稱，一首好詩或一個好的雕塑要比任何科學發現更具人文意味、更具啓迪性；那完全得看你和它們之間的關係而定。」

可是「科學家對科學工作應當要更客觀」這個理念，似乎也囊括了「他們不應當對科學工作有關懷」這個理念。「人們被教導了一種怪誕的錯誤觀念，」我的物理學家朋友有一次這麼提到：「他們被教導的是，除非科學家對眞理採取漠不關心的態度，去發現眞理時所需要的自律就不夠。事實上，除非科學家很關心造成差異的是什麼，否則沒有理由搜尋眞理。」

我們知道偉大的藝術家和偉大的科學家在工作時，往往把兩方的方法聯繫在一起。藝術家需要知道他們用的材料的科學知識（或者至少是工技知識）——油彩、紙、大理石、透鏡、弦、電腦，等等。音樂家需要的共鳴、音響學、聲學的知識，和物理學家一樣多；攝影師對光的特性亦然。即使是藝術家的作品內容，也常常基於科學家對自然界的認知；畢竟在不久以前科學還被稱爲「自然哲學」。和其他的認知一樣，藝術被文化脈絡、文化背景所孕育出來，而這些脈絡、背景則來自人類對物質世界的詮釋。

好的科學理論要有美感！

對科學家而言，他們依賴一種稱爲「洞察」的藝術方法，以便做出想像力的大躍進。如果沒有洞察力，他們會永遠陷於過去的認知中。單靠科學邏輯，我們無能爲力去想像出未知的事物，更不必提去認識。「這是藝術的威力，」格雷高利這麼寫道：圖形能「改變我們的客觀假設，使我們能以不同的方法看到東西。」

「每一次我們陷入僵局時，」費曼寫道：「就是因爲我們用的方法是以前用過的同樣方法。但下一個策劃、下一個新發現，經常需要完全不同的方法。因此歷史給我們的助力不會太大。」演繹只能把你帶到直線思路的下一步，而在科學中這往往是死巷。費曼下這個結論，「想出新理念並不容易，那需要難以置信的想像力。」

導引科學家走向想像力下一步大躍進的方向，往往是對於美的願景，可是往往也不是。愛因斯坦對理論的最高讚語，不是說這是個好理論，而是說它是美的。愛因斯坦常常談論及寫出理念的美感，他最嚴厲的批評是「喔，多醜呀！」

「純邏輯不能把我們帶到贅言以外的地方去，」法國的數學家龐卡赫⑤寫道：「那不能創建出任何新東西；單單從邏輯不能產生科學。」龐卡赫把美學在科學中的角色，描述爲「纖細的篩子」，成爲闡明和誤解之間、訊號與雜訊之間的仲裁。

科學不是一本只列出明細就足夠了的書。事實要被織成理論，就如同從許多細縷織出繡緯一樣。誰會知道什麼時候（及怎麼樣）已經做出了正確的篩選？有時最有用的準繩是美感。薛丁格曾壓住他的著名方程的論文不送出去發表，因爲這些方程和當時知道的事實不符。狄拉克說過一句現在很有名的話：「我覺得這故事有個寓意，就是說，方程的美感要比它能和實驗相符來得更重要……似乎如果一個人在工作時採取的觀點是，要把方程中放入美感，而如果這人有健全的洞察，就可以確定這人已走在一條有把握會有進展的途徑上。」

就是這種美感，使科學家及其他人去堅持某理念「看上去」正確，或「感覺到」是錯的。物理學家司壯明格（Andrew Strominger）鑽研一個冷門問題：在十一維空間與黑洞相碰的邊緣處的特性（以解釋相對論性天文物理的某些問題）⑥。他說在他工作時，常常被「聞起來」對的想法所引導。

如溫伯格所說，「應當期望物理學家的美感有一種用途：協助物理學家去選擇可幫助我們瞭解大自然的理念。」

偉大的科學家一定滿懷熱情！

有時，藝術和科學之間的連結更爲直接。人們知道原子物理學宗師波耳最被立體派藝術⑦所蠱惑，特別是因爲「一個物體可以同時代表好幾樣東西，它能轉變，能看起來像一張臉、一肢、一個水果缽」；波耳接下去創建他的互補原理，這原理指出一枚電子能轉變，能被視爲一個波，或一枚粒子⑧。就如立體派一樣，互補原理能讓相反的觀點在同一自然體系中共存。

有些人感到驚奇，藝術和科學居然會被隔離得這麼遠。愛因斯坦手持小提琴的形象就如達文西的發明，一樣爲人所熟悉⑨。在某些圈子中有個老笑話說，如果你要一個四重奏樂團，只要把四位數學家放在同一房間就行了。

費曼也擅長南美小鼓，他說過，藝術家和理論物理學家唯一相同的素質，乃是他們在看著一張白紙沈思時，感覺到的是同樣滿懷喜悅的冀望。（雖然費曼感到很奇怪，說他總是被介紹爲一位會打鼓的物理學家，可是有幾次受邀去打鼓時，介紹他的人卻沒有一個說他也會理論物理。他把這事歸咎於人們對藝術的尊敬程度比對待科學來得高。）

說眞話，自從科學被稱爲自然哲學的日子起，藝術及科學的定義就開始變窄許多了。按照社會學理論家維克斯（Geoffrey Vickers）爵士在一本論文集⑩中所寫的，在這個不自然的隔離之前，每個人都明白，「知道」是一種藝術，「瞭解」需要本領，而藝術和科學二者都是求知的過程及成果。只有從十九世紀末起，才把科學限制在目前的狹窄意義內。當時開始使用這個詞語：科學是基於實驗的「一種測試假說的方法」。

做實驗來求證理論，和藝術沒有什麼關係。可是維克斯懷疑這個差別更爲深沈。人們願意去相信科學是一種理性的步驟，可以被描述出來；直覺不能被描述出來，因此應當放逐於科學範疇之外。「因爲不知怎的，我們的文化產生出這個沒有根據、也不太可能的信念，說每一件眞實的事物一定能由人完全描述出來，」維克這麼寫道：「因而不願意去承認直覺的存在。」

當然在科學和藝術之間有很大的差別。科學用數學這個共同語言來表達，因此大家可以分享對於世界的認知；藝術就很難找到共同語言了。

科學的洞察可以用科學的老方法來測試。而科學家需要嘗試以冷靜的態度來面對他們的工作，這樣至少使得他們的熱情不至破壞實驗結果。有時不可避免的，這些熱情會造成破壞。古爾德說：「偉大的思想家從不在事實面前呈消極態度，因此，偉大的思想家也會犯很大的錯誤。」

簡單就是美

科學史似乎專寫這類的錯誤，主要的原因是，發現物質世界如何運轉的人，其原動力是思想，也是情感、信念，及對演繹的信心，這些幾乎都占同樣的分量。

刻卜勒最後能證明行星的軌道爲橢圓，而不是如前人所認爲的圓形，因而舖砌了牛頓及愛因斯坦理論的基石；可是刻卜勒始終沒有放棄他對這個觀念的信念：這六個已知行星的軌道都被圍在五個完美的幾何實體內。你幾乎不能把他對天文的想法稱爲有條不紊的邏輯；事實上，刻卜勒更進一步主張，所有在地球軌道以外的軌道「基於它們的性質而直立著」，而在地球軌道以內的軌道，則是浮懸著。他是這麼解釋的：「因爲如果後者站在邊上，前者站在角落上，那都令人覺得景觀很醜，不願目睹。」

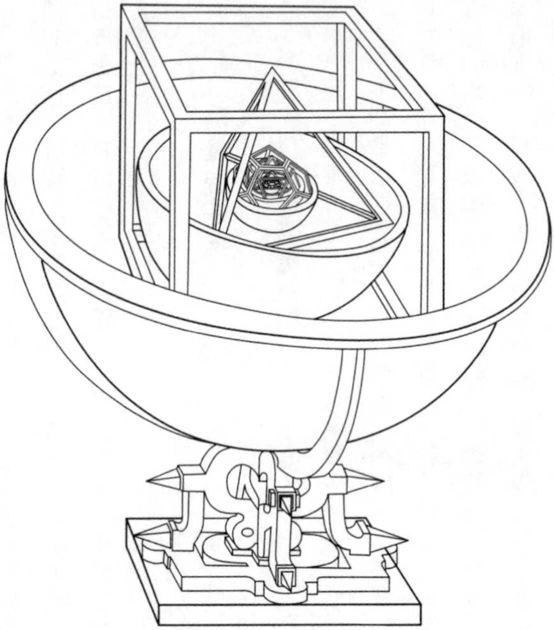

刻卜勒的太陽系模型，顯現出他認為的行星軌道如何與幾何形狀相關。
此圖是從 Mysterium Cosmographicum（1596）改繪而來。

這留給我們一個問題：如果科學家常常受到或不受某種美感所導引，那麼對科學家來說，美是什麼樣的意義？很明顯的，美指的不是普通人說的漂亮、悅目、或激賞的意思。如果我們堅持如此狹隘的定義，就不能認爲一套方程或理論能呈現美感。其實，科學的美，與「簡單」更爲接近。

「你能認出眞理，因爲它既美又簡單，」費曼這麼寫道：

> 當你做對的時候，很明顯的它是對的（如果你有過這類經歷的話），因爲通常發生的是，出來的結果會比放進去的假設更多……沒有經驗的人、狂想家，做的假設都很簡單，你能一眼就看出他們錯，因此他們不算。其他人，例如沒有經驗的學生，做出很複雜的假設，看上去有一種好像是對的感覺。可是我知道那不對，因爲到了最後，眞理總是要比你想像到的更簡單。

對科學家來說，簡單就是美，因爲令人驚奇的是，自然界中，簡單無處不在。它擁有能引導至重要理念的偉大力量。過去有多少看起來非常不同的東西，最後都發現具有共同的線索、密切的關連，例如自然的力、電與磁、下落的蘋果與繞著軌道運轉的行星。如詩人路基色（Muriel Ruthkeyser）觀察到的，即使是島，在海底也聯接在一起。

「它很簡單，因此它美，」費曼提到重力定律時這麼說：

它的模式簡單。我沒有說它的作用簡單；要去計算出不同行星的運動及它們之間的攝動，可以是相當複雜的問題，而要去追踪一個球形星團中所有星球的運動（約十來萬個恆星）的工作，仍遠在我們的能力之外。在作用上極複雜，可是在整個東西之內的模式或體系卻是簡單的，這是自然律的共同性質。自然律終歸都是簡單的東西。

高維空間的魅力在於它能使事物更簡單，無論它是時空的四維空間或是弦論中的十一維空間。在一本物理期刊中有一幅漫畫，描繪一位教授在黑板上寫出長得不得了的一套公式，學生則驚愕不知所措。教授想要平息這些學生的恐懼，說：「不要擔心，在九十六維的空間中它會簡單得多。」這種簡單性來自更清晰的瞭解，來自能看透所有能使人分心的歧點，而專注於最重要的元件，用一個「簡單」的理念來解釋許多看似不相關的事物。按照溫伯格的說法，物理學中的美是「一種必然性的感覺……一種沒有哪樣事物會再改變的感覺。」

自然界似乎建立在模式（pattern）上，而去看出這些模式就是藝術家和科學家的第一要務。「在科學中叫做美的，就是在貝多芬的音樂中叫做美的，」維斯可夫說：「事物都在霧中，而突然你看出一個連結來。它表達了深深在你心底的錯綜複雜；這錯綜複雜，把一直都在你內心的東西連結起來，而這些內心的東西以前從未被連結起來過。」

到了最後，科學和藝術間的聯繫也許只是動機的問題。當麻省理工學院冶金專家司密斯（C. S. Smith）對他那一行的歷史感興趣時，他很驚奇地發現，從藝術博物館的蒐藏品居然可以找到最早期關於金屬及其性質的知識。他這麼寫道：「慢慢的我看出來了，這不是巧合，而正是發現的本質，因爲發現是來自被美感發動的好奇心，很少是來自實用的意圖。」

【注釋】

①譯注：木星的英文名爲 Jupiter，羅馬神話中諸神的主神，並爲天界的主宰。祂相當於希臘神話中的宙斯（Zeus）。

②譯注：薛丁格（Erwin Schrodinger），1887-1961，奧地利理論物理學家，提出原子軌域模型及波動方程，一九三三年諾貝爾物理獎得主。

③譯注：費米（Enrico Fermmmi），1901-1954，原籍義大利的美國物理學家，用中子輻射的方法產生新的放射性元素，以及在這研究中發現慢中子引起的核反應，一九三八年諾貝爾物理獎得主。

④譯注：這裡提到的科學家都是創始量子理論的大師，每人都有獨到的貢獻。雖然愛因斯坦是第一位具體建立光子觀念的人，但到他死時還是不肯相信量子理論的機率解釋。

⑤譯注：龐卡赫（Henri Poincaré），1854-1912，法國數學家，提出「相空間」的概念。

⑥譯注：目前粒子物理學中有一派認爲基本粒子不是粒子，而是長度爲十的負三十三次方公分的弦，其振動頻率就定出它的質量。弦占的空間有十一維，後來被壓縮到四維。物理學家司壯明格研究的是這十一維空間在物理上的性質。引用黑洞的原因是因爲黑洞能把許多不同維空間聯繫起來。

⑦譯注：立體派（Cubism）是二十世紀畫家畢卡索等人發起的一支抽象畫派，把主題肢解以表達意識及認知。

⑧譯注：在一九二〇、三〇年代發現光和粒子可具有兩種截然不同的性質：波動特性及粒子特性。當時基督教的教條仍在物理界有很大的影響。基督教教條中有二元論（dualism），即善和惡的對立，這與一神論有關（只有一個善神，不能有兩個）。而在物理界中出現了這兩個象，而這兩個象都是必須的、而且共存於同一粒子或波中，此即波粒二象性。有許多人感到不安，嘗試去解釋爲什麼能有不分善惡共存的兩象。波耳的互補原理（Principle of Complementarity）實際上說的是，任何時候只能看到一個象。做實驗去證實光或電子呈波動性時，就無法在同一實驗中證明光或電子呈粒子性。反之亦然。關於二象性的仔細討論請見下一章。

⑨譯注：達文西（Leonado de Vinci），1452-1519，義大利全才，爲名畫家、彫刻家、建築師、科學家。他的畫作以「蒙娜麗莎的微笑」最有名，由法國羅浮宮蒐藏。

⑩原注：這本論文集是《關於科學中的美感》（*On Aesthetics in Science*），Judith Wechsler 編。

第五章　自然的互補

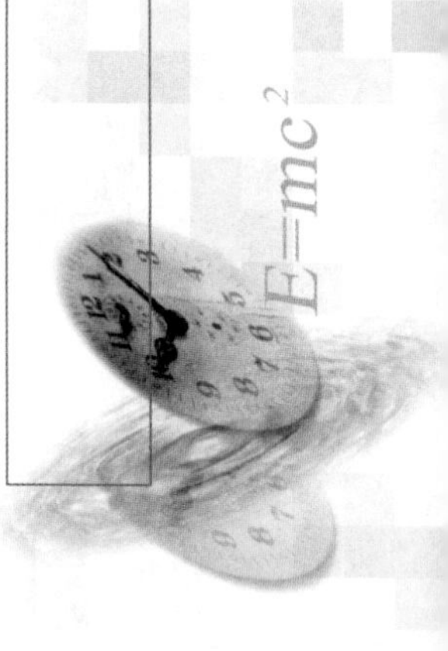

我們不能在體驗一首貝多芬的奏鳴曲時，又同時去擔心腦中的神經生理過程。可是我們能從一種換到另一種。

——維斯可夫

維斯可夫喜歡講一個故事，這故事是多年前兩位諾貝爾獎得主，布洛赫及海森堡①之間的談話。他們兩位在沙灘上散步。布洛赫想探聽海森堡的意見，關於某個和空間的數學結構有關的新理論究竟有何重要性。良久後海森堡的反應是，「空間是藍色的，有鳥兒在其中飛。」

這故事特別的好，是因爲它恰當地闡明了許多物理學家認爲的量子力學中最深刻的貢獻；量子力學是一個極爲成功的體系，可以解釋原子及所有由原子組成及構成的事物。它的貢獻不是普通人說的發現：不是一個新粒子，不是一種新的地外物體或事件，甚至於不是一個新理論或新方程。它是一種哲學上的展望及見解，能讓現代科學家看到不計其數、隱藏在矛盾或詭論後面的東西；這些矛盾或詭論，使得現代物理學成爲幾乎無法瞭解、莫測高深的學問。

互補就是美

這個關於海森堡和布洛赫的故事，掌握了互補原理（第四章注釋⑧）的眞諦，即你在談到某事物時，不能同時用兩種完全不同的角度來討論；在一種角度認爲是很有道理的論調，在另一種角度看來則爲荒謬。

互補的理念是，相反意見的理念加起來以後，要比這兩個理念單獨值之和大得多。它們之互補，就如日與夜，雄性與雌性一樣。如果想要有完整而透徹的瞭解，互補是必需的，就如要造出白光，就需要整套所有色彩的光。（事實上，如果兩種不同色的光加起來成爲白光的話，它們就叫做補色。）互補就如科學中的陰陽一樣，或者如物理學家沙格瑞②所說的，「這就是科學中一種特別的美，似乎完全相反的觀點，最後在更廣闊的視野中，變成二者都是對的。」

一說到「科學的果實也帶有情感」時，互補就變成了每個人都喜歡談論的話題。一點也不奇怪，生命就如大自然一樣，充滿了相當多未被解決的及不能解決的矛盾。譬如粒子是波，而波是粒子。你是飄浮在某個尋常星系不為人知的邊緣上、總值為美元九十八分③的宇宙星塵，可是你是你自己的世界的中心；對朋友及家人，你可能珍貴到無價。在某日，人性可能美到比所有最美的東西還美；可是在另一日，它似乎是極愚蠢的猛獸。而眞相卻是，我們既是美人又是猛獸，就如能量是物質的另一種形式一樣。

丹麥物理學家波耳為互補原理之父，他用互補原理來馴服原子尺度下進行精密測量的固有限制。例如，在量子領域中，要準確測量位置時，就不能不在測量其運動（測量速度）方面犧牲些精確性，反之亦然④。波耳說粒子需要兩種互補的描述，需要不只一個觀點。無論你能不能同時去測量運動及位置，你也不能同時看到一枚錢幣的正反兩面。只要人們堅持以日常觀點去看原子世界的事物（這些人是否有選擇餘地呢？），必然只能看到大自然的某一面向。「在我們對大自然的描述中，」波耳說，「目的不是去揭露所有現象的眞諦，而只是盡我們所能去追踪經驗中種種不同面向之間的關係。」

互補理念的影響，遠超過不能做精確量度的理念，它也協助我們去解釋波粒二象性。在二十世紀初的時候，數十年來的爭論及實驗最後說服了物理學家，光必定是一種波，它能彎曲，能繞射過物體的邊緣，就像海中的水波能繞過石礁一樣。當兩光束的光波互相增強或互相抵消時，能產生出明暗相間的干涉條紋。這時，愛因斯坦出現了，證明光的來去就如一團一團的包裹，光是量子化的。這事看來似乎很矛盾，使得某位物理家忍不住下了這個評語，說自然界在星期一、三、五的表現是按量子論的，而在星期二、四、六則按波動理論⑤。

似乎對每個人說來，光不可能同時是波、又同時是粒子。一個粒子就像一顆子彈，明顯是物質性的，大小有限，在空間和時間中占有某個位置。波就像運動一樣，是連續而不具實體的形態。那麼，如果波動理論是正確的話，粒子理論一定是錯的囉？如果一個是眞理，另一個按定義來說，必定是異端。

結果呢，當然兩者都是對的。波和粒子是互補的兩種描述光的性質的方法，就如位置和運動是粒子互補的兩個象。非但光，包括所有的能量、物質及輻射都顯出同樣奇怪的二象性。電子能像光束一樣地繞射，在經過晶體中一層又一層排列整齊的分子時，能顯出同樣的繞射模式。

換個角度看一看

互補原理中最不易爲人接受的是，組成一個實體「全面」的各個面向之間，也可以不相容，就如波和粒子。互補還不只是物理學家對「從這方面來看／從另一方面來看」的華麗說法。當你朝一枚錢幣的一面看的時候，你不能看到它的另一面，可是並不能說那看不到的一面就不存在，或那是荒唐的。波和粒子似乎是不相容的選擇，在同一背景中，它們不能有意義地共存，因此很難看出二者能描述同一物體。

對於互補的應用，奧妙在於知道什麼時候該用哪個觀點。就如羅伯‧歐本海默所說的，「如果第一種思考方法似乎是適當的，那麼第二種方法就似乎完全不合用。」

我們很難說「空間是藍的」這個陳述，是對某個數學關係的恰當描述方法；但我們也不能說，某一套方程是「夏日時一個人在沙灘上踱步的感受」的適當描述方式。一枚粒子的表現愈近於粒子，它表現爲波的程度就愈小；正如一枚粒子的位置愈清楚的時候，它的運動形態就變得更爲模糊（反之亦然）。

在某些極端的例子，專注於一個情勢的某一面向，眞的能把這情勢的另一面向給毀了。這理念已經很具體地在衆所週知的海森堡測不準原理中表達出來。海森堡自己把這問題作如是的想像：如果你要同時量出一個電子最精密的位置及其最精密的運動，你就惹上麻煩了。要去「看」它，你一定要以某種光照上去。如果你用低能量的光以便不擾亂這電子的運動，這光的波長就會長到你無法精確定出這電子的位置。（舉個比擬是，當你應當用一枝細梳子時，卻去用一枝粗梳子。）可是從另一方面來說，如果你用高能量的光（細梳子），就能很精確地定出這電子的位置，可是這光會把這電子重重的一撞，因而改變了這電子的運動。

愛因斯坦從未喜歡過測不準原理，因爲他不喜歡這樣的理念：竟然有我們不能測量的東西。愛因斯坦看到的是知識上的死巷，可是波耳及其他人看到的卻是哲學的寶藏。答案被設限的原因，乃是因爲所問的問題不恰當。維斯可夫說：「海森堡的原理只是發出警告的路牌：『普通的語言只能應用到這裡爲止』，當你走到原子的領域時，就會遭遇到麻煩。」

換句話說，測不準原理可能來自隱喻的錯誤引用。在原子的範疇中，觀念如「位置」及「運動」也許沒有意義。如京斯爵士指出的，「要說出一枚電子占了多少空間，就如討論恐懼或焦急、或天命無常等要占多少空間，一樣沒有意義。」

因此測不準性不像它的名字所暗示的那麼陰森恐怖。它的意義只是，你不能又用化學步驟去分析你想吃的那一塊蛋糕，而又吃下它。因爲在你把你要吃的那一塊蛋糕用化學方法分解、再去分析它的成分時，這蛋糕已經轉化爲其他東西了，再也不是可口的蛋糕。「在原子世界中，每次介入去做測量時，會造出……嶄新而單一、不能完全預測的情勢。」羅伯・歐本海默這麼寫道。

一個量子態，就如一位芭蕾舞者的金鷄獨立舞姿或鳥的歌聲，只有去看整體而不是看截出的一段，才有意義。並不是說你不能把這些事物分解成運動的分子或單獨的音符，而是好比，你得分別在野外觀察動物、在實驗室裡做解剖，這兩種互補方式才是探索大自然的好方法。

千萬不能定於一尊

這種天賦的二象性，意義在於，任何對大自然或人性抱持「只有一個象是眞理，另一象是異端」這種觀點，大約是錯的，或者至少是危險的。正如維斯可夫所指出，被一個理念完全統治支配，不免會引起威權的濫用，無論是主宰中古世紀的宗教教條或者今日受到工技過度的影響。他寫道：「任何時候當一種思考方法被強力建立，聲稱它囊括了所有人類的行爲時，就會把其他的思想方式都忽略掉。這種單一思考模式的威權，根源大約來自人類的一個很強的意願：希望有一輪廓分明、處處通用的原則，能有對每一問題的解答。可是因爲人類的每一問題從來都有不只一個解答，因此萬能的答案並不存在。」答案並非「不是這個／就是那個」，而是「所有以上的一切」，或者至少是以上其中一個。

麻省理工學院電腦科學系的魏曾鮑姆（Joseph Weizenbaum）對於過分依賴電腦的危險，也說出同樣的觀點。魏曾鮑姆說，社會上對電腦的熱中，便是這種現象的徵候，即把科學方式的思考「帝國主義化」。並不是說科學的思考方式是錯的，只是說當它制壓了所有其他的思路時，它就變得很危險。魏曾鮑姆注意到，「如果你想瞭解一九三〇年代的經濟大蕭條，而你只去看勞工部的統計數字，沒有閱讀像巴碩斯⑥等人寫的小說，只因爲小說不科學，那就糟了。你從閱讀小說中，應當能深刻學習到許多事。」

幾世紀以來，人們爭論著光在實質上是波還是粒子。今天看來，這些爭論似乎多餘，那就如同去爭論空間是藍色的或者它有數學性質一樣。每個意見，在與它有關的脈絡、背景中都對。這不是說眞相落在這兩個觀點的當中某處。互補不是妥協，毋寧說它像一個盒子的各面，或者一個問題的不同面向。你看到的是什麼，依你看的是盒子的哪一面而定，這就是爲什麼光（實際上，可以說所有的能量及物質）會在某種實驗中顯現出量子的性質，而在其他的實驗中則顯現出波的性質。

依此性質，互補能使人們容易接受認知及測量的天賦限制，接受我們能想像到的「看不見的世界」的限度。每一種看物體的方法只能應用到這麼遠。就如視網膜上被射入的光銘刻出影像一樣，所有的模型及認知都被現實的描繪所壓平，因而只能看到某一面向。那也像科學和藝術，正是探索及詮釋這世界的兩種互補方式，都能替另一種方式增添前所未見的生動元素。

顯微鏡能加強你觀看的能力，可是代價是視野受了限制。如果你把活的生物放在顯微鏡下，你能更爲清楚地看到它單獨的細胞膜及細胞。即使如此，魏曾鮑姆指出，「要說你看見的就是這生物的實質，似乎講不大通。」

接受互補原理的意義，只是去接受以下這個理念：一個觀點是對的，相反的觀點不見得就是錯的——眞理不是和異端對立的另一端（反之亦然）。如果人們因爲某種原因認爲科學是走向單一正確答案的單行道，這種想法會變成絕大的諷刺，就如玻恩有一回說過的話：「對我說來，把思想的規則鬆綁，似乎是現代科學給我們帶來的最大福祉……對我而言，認爲只有一種眞理，而這眞理就是我已擁有的那一個，這樣的觀念似乎正是這個世界的所有罪惡之源。」

【注釋】

①譯注：布洛赫（Felix Bloch），1905-1983，原籍瑞士的美國固態物理學家，發展出核磁精密測量的新方法（核磁共振法），一九五二年諾貝爾物理獎得主。海森堡（Werner Heisenberg），1901-1976，德國理論物理學家，創立量子力學，以及應用這理論發現氫的同素異性體，一九三二年諾貝爾物理獎得主。

②譯注：沙格瑞（Emilio Gino Segrè），1905-1989，原籍義大利的美國物理學家，費米的同事，曾參與曼哈坦原子彈計畫。一九五五年發現反質子，爲一九五九年諾貝爾物理獎得主。

③譯注：有人把人體的組成分析出來，把材料（碳、氫、氧、磷、鉀、鈉、鐵……等元素）的總值加

起來，總值爲美元九十八分。

④譯注：這就是海森堡的測不準原理（uncertainty principle）。

⑤譯注：物理學家還加上一句，這裡沒有提到，即「在星期天，則按二者自由行事。」

⑥譯注：巴碩斯（John Dos Passos），1896-1970，美國作家，是一次大戰後「失落的一代」派作家中主要的一員，也是社會史學家及激進批評美國生活品質的作家，一九三六年出版《巨金》（*The Big Money*），寫從一九二〇年代的經濟大興旺到一九三〇年代經濟大蕭條的故事。按：「失落的一代」來自美國諾貝爾文學獎作家海明威的話。

第二部　發動者及震撼者

把物質和場看成彼此非常不同的兩種素質，毫無意義……使我們的感官感知到的物質，其實就是聚集在相當小的空間中的能量。

——愛因斯坦和殷菲德，《物理之演化》

第六章

力和贋力

如果你堅持非要力的精確定義不可，那你永遠也得不到！

——費曼，《費曼物理學講義》

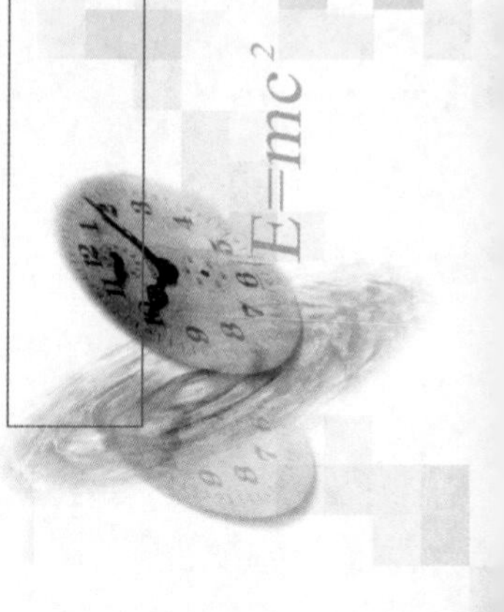

所有滲入日常口語的物理術語中，沒有哪個會比力學相關字眼滲入得更多。例如我們形容，那些逼迫人們去做某事的壓力，或者使他們陷入永不得超生的境地的影響力。又如，我們談起某人被某種興趣所吸引，那些被施加壓力去做出成就的人，被慣性陷住的人，造成團體或組織中的摩擦的人。我們也把人描述爲擁有磁性魅力、有說服力、使人厭斥，甚至於使人如遭電擊。我們還提到被推動去做某事，或者被某地方、某人、或某工作所吸引。我們甚至於談到做事有動力的人。運用這些力學相關字眼時，我們認爲自己知道在說的是什麼。

從另一方面來看，物理學家在說到力的時候，傾向於更爲小心。羅伯・歐本海默注意到，即使可能是提出最多力學公式的牛頓，也從未瞭解力到底是什麼。「這是不是……從一地散布到另一地的東西，這一瞬間影響到下一瞬間的東西，從一點散布到另一點的東西？或者是一種整體的性質，一種互相遠離的物體之間早已注定的交互作用？牛頓從未回答過這些問題。」

在牛頓的時代，關於力的最具哲學性之謎乃是它們如何從一個地方散播到另一個地方。一件東西怎樣能隔開一段距離使出影響力？特別是這影響力要穿越虛無的空間？你怎樣能不接觸到一件東西，例如不以棒子去推，也不用繩索去拉，而使它動？

十九世紀中葉的時候，英國的實驗家法拉第想到了這樣的理念：這些力可能是被一些拉伸在兩個磁極之間（或兩個帶相反電荷的東西之間）、類似橡皮管的東西所傳播；他甚至於猜臆，類似的東西也可以用來傳播重力。蘇格蘭人馬克士威把這些觀念寫成精確的公式，這些公式可描述電磁力場。場是圍繞物體的一種外延而不可見的靈氣或氣氛，這種靈氣使出了能影響東西的威力。①

今日的物理學家談到力時，最常見的是把它當做某種特別的粒子所攜帶的力。在巨大的加速器裡，當粒子對撞時，爆出的能量中常常出現這些力粒子。我們熟悉的光子，或者光的粒子，就是力粒子中的一種。可是談到這些力粒子的時候，不禁會讓人懷疑，物質的眞實組成與這些能使它來來去去的拉扯，是否眞的有任何不同？

力是什麼？

一九八三年，這些力粒子中的兩種——W粒子及Z粒子（攜載了能造成放射性的弱作用力），在歐洲粒子物理研究中心②的加速器中發現了。這些發現在《紐約時報》頭版新聞上登出，也在通俗科學雜誌中廣爲介紹。可是對那些只熟悉風力及潮汐力、彈簧及鎚子、火及化學，肌肉及噴氣推進、摩擦力、磁力、重力及靜電力的民衆來說，至少可以說，這些發現都像是謎。有人讀過描述這發現的文章後，完全挫折了；他告訴我：「眞希望有人能用我的腳趾碰到硬物時所感覺到的力，來向我解釋這些力的性質。」

不幸的是，雖然人們一定知道力能「做」些什麼，可是對於力學卻知道得極少。解釋「什麼」是件容易事，可是要把「如何」及「爲什麼」切出來，則需要技巧。

從某種意義說來，這個問題毫無意義：力的作用是像場呢，還是像粒子？是獨立事件，還是空間的性質？這些都是以不同的思考方法做爲基礎的心像。要緊的是，眞正發生了什麼事？看呀，即使在物理學界，自從量子力學介入以後，力的術語也已經改變了很多。粒子間的力，現今的描述是「交互作用」。當兩個粒子交互作用的時候，它們交換能量及（或）動量。這就是當你的腳趾碰到東西時發生的事。你早上吃蛋時所得來的能量（這能量以下列方式來自太陽：鷄吃了吸收了太陽能才長出來的玉米，因而能生下你吃的鷄蛋），被轉換成神經的電能，這電能被轉換成肌肉的動能。當你的腳趾碰到門檻時，一部分的這些能量就和門檻交換了。你踢門檻的能量把門檻的分子加熱，而這門檻也踢回一些能量，其中一部分就變成使你感到痛的壓力。

很明顯的，力是很眞實且重要的東西，可是如果以日常生活的隱喻去描述它，肯定會使我們更糊塗。力粒子並不到處去推其他的粒子，就如魅粒子不魅一樣。嚴格說來，力是一種能量與動量的轉移。兩物體互相作用後，他們的情況就和以前不一樣了。我們無法直截了當描述出來期間發生了什麼事。如羅素③所說的，「力有如日出」，是解釋某事物的方便法門。力並不強迫某事發生，就如太陽並不按照字面的意思「出來」一樣。電「不是像聖保羅教堂一樣的東西；它是物體行爲的一種方式。當有人告訴我們，物體帶了電，行爲會如何，在哪種情形下會有電，那就等於把所有能說的都說了。」

換句話說，力其實是描述東西互相「聯繫」起來的一種方式。慣性、作用及反作用、相對的力、基本作用力……所有這些，都是要把宇宙的某部分和另一部分聯繫起來。結果是，我們如何去描述它們的方式，才是眞正的重點。

艾丁頓爵士以故事指出，不同的描述方法所能產生出的差異。有兩條魚，一條的名字是愛薩克，另一條的名字是亞伯特④。兩條魚都是鰈形目的扁魚（即雙眼朝上的魚，例如比目魚），住在二維的海中。愛薩克注意到附近其他魚似乎都按一曲線游動，而不按直線。牠發現這個使牠們彎曲前進的「力」來自另外一條很大的太陽魚（藍鰓魚），這太陽魚把其他的魚都吸向牠。

愛薩克的看法，很恰當地解釋了這些彎曲游線的大部分成因，因此沒有人費勁去注意一條附近稍小的月魚，或者有許多固定不動的星魚在背景中閃爍發光。唯一不滿的是幾條愛吹毛求疵的鯉魚⑤，牠們看不出，這太陽魚怎樣能在那麼遠就施出

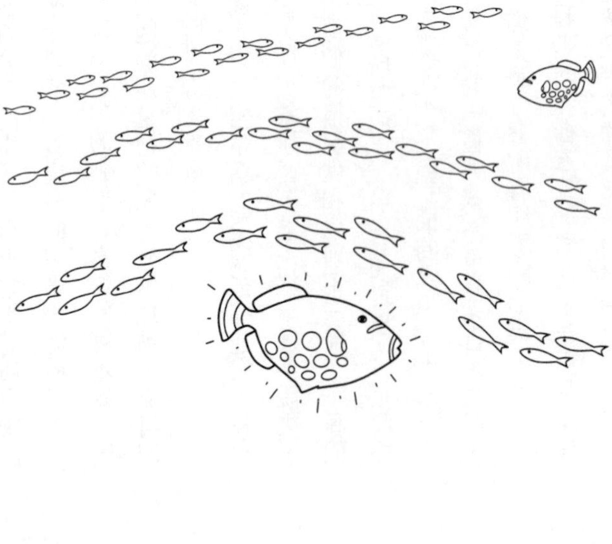

這麼大的影響力，雖然牠們假設這太陽魚的影響是由某種方式透過水傳過去的。

這時來了亞伯特。牠說這些魚不是被太陽魚吸引過去的，而是繞著太陽魚游曲線，因為這太陽魚正好游在小丘頂上。當然其他魚不能直接感到有這麼個小丘，因為這小丘是三維的物體，而這些魚兒都是二維的。同樣的，我們三維的動物也無能去感受我們空間中的曲率，而我們的空間囊括了時間這第四維。同樣的，是時空的幾何特性（由於質量而引起的「小丘」），造成我們以前把它描述為「力」（例如重力）的東西。

結果是，你確實能計算及測量出，愛薩克理論與亞伯特理論之間的少許差別。好幾個主要的測試，都證實了亞伯特的理論。因此，你是選擇以場、或力、或粒子、或幾何來把自然界不同的部分編織起來，不同的描述方式當然會有差別。或者如牛頓於一六八六年在他的《自然哲學之數學原理》中所寫的：

> 我被許多理由引導去臆測（所有自然界的現象）可能……依賴著某種力。由於這種力，物體中的粒子，基於到現在尚不明白的原因，能互相吸引，黏在一起成為有規則的形狀，或者互斥而分離。這些力尚未為人知，因此哲學家去自然界中尋覓它們，都無成果；可是我希望這裡建立的原理，能替這一方面或是替自然哲學上更為眞確的方法，帶來一些亮光。

星的拉引

最令人驚奇的事是，當你加速去跑的時候，你的肌肉也在抵抗那即使是最強有力的望遠鏡都看不到的星系，對你造成的影響。

——物理學家瑞德里，《時間、空間及事物》

從技術觀點來說，物理遇到的最難解的力根本不是力。它是對力的阻力，或慣性。慣性可以阻止原有的運動發生改變。丟保齡球要比丟網球難得多，因爲保齡球有多很多的慣性。慣性是，不願意被推動，要在你原來走的方向上繼續走的癖性；或者你停住了，就留在那裡不動的癖性。你可以把它稱爲習性，或常軌。可是不管怎樣稱呼，嚴格說來它不是一種力。牛頓把力的定義定爲：一種施於物體使它改變狀態的作用。在這種意義下，力和慣性似乎是相反的東西。⑥

可是慣性的感覺就像一種力，例如當你坐的汽車突然停了，這個「慣性的力」會使你撞向擋風玻璃。力和慣性的來源可能不同，但後果卻往往相同。

牛頓把慣性稱爲「天賦予物質的力」。物質愈多，很自然的，它所含的慣性也愈大。你能把擺置了餐具的桌布拉出，而不會把餐具拉掉，就是因為慣性把重的玻璃杯、餐具停留在桌上。伽利略觀察出慣性，是非常聰慧的洞察。以前亞里斯多德（及其他人）假定物體的自然傾向是靜止下來，因此行星及其他物體需要不斷的推力使它們繼續運行。亞里斯多德和伽利略的觀點，區別在於：亞里斯多德認為物體的自然狀態是靜止的；伽利略則瞭解了，這種自然狀態也可能是運動。

亞里斯多德所做的是極其自然的假設。畢竟車及人，即使自動溜走的溜冰鞋，如果沒有人或某種東西再供應些使它繼續行動的能量，最後都會停下來。事實是，日常世界的「每一件物體」最後都會停在這個靜止不動的休止態。亞里斯多德不瞭解的是，在這個傾向於靜止態的後面，有內藏的力：摩擦力。（如果你把摩擦力也看成東西的自然狀態之一，那麼亞里斯多德也算是沒錯。）

慣性的成因仍然是謎

許多人不瞭解，要使物體停止，需要的能量與使它動的能量一樣大。去遠處行星探險的太空船，非但要攜帶足夠的燃料把它送到要去的地方，還要帶足夠的能量使它能煞車，再緩慢降落在行星表面上。如果沒有摩擦力，物體會一直向前進，直到被某物把它停住或使它轉向回來。伽利略把這種物質的倔強性質視為慣性。沒有永動機的唯一原因，就是因為有彆扭的摩擦力，在宇宙到處都有。即使在太空中也有，那裡的物質密度約為每立方公尺一個原子。⑦

牛頓後來把他的理念擴充，不避諱包括下面這個觀念；任何不做直線運動的物體，都是因為有某種力使它改變方向。他瞭解到如果沒有力把月亮向地球拉，月亮就會做直線運動，毫不誇張地沿著一條切線飛出。這個拉力當然是重力。可是讓物體傾向於直線運動的力是什麼呢？這個使月亮（或者任何物體）要沿切線飛出的力，或者當你拉高溜溜球旋轉，突然把手一放，使它直飛出去的力，究竟是什麼呢？眞相是，沒有人知道。「沒有人知道使行星做直線運動的理由是什麼，」費曼說：「沒有人找到為什麼物體會按慣性而行的原因。我們不知道慣性定律的來源。」結果是，習以為常的慣性仍然是自然界最深晦的謎之一。⑧

可是慣性的來源，還是有線索可循。這線索來自有名的故事（但這故事的典故存疑），說伽利略爬到義大利比薩的斜塔上，丟下兩顆球，一顆重的，一顆輕的，兩顆球幾乎同時掉到地面。即使這故事是假的，它的教訓卻是眞的⑨。

科學博物館多有示範這實驗的裝置。他們把一枝羽毛和一枚錢幣放在抽成眞空的筒中。去逛博物館的人可以看到羽毛和錢幣同時掉到筒底。這在空氣中當然不行，因為空氣對表面積大的羽毛，阻力比對表面積小的錢幣來得大。可是你能展示個驚奇的實驗給小朋友看。首先你把一小塊石頭和一張紙同時掉下，看哪個先著地。（當然是石頭。）然後再做一次這個實驗，但這回是把紙揉成緊緊的紙團。這次紙團和石頭會同時落地，因而證明重量並不影響到下落。當然，「人愈重，跌得愈重。」可是沒有人說因爲重，就會跌得快些。以上這個實驗大約在比薩塔上做不出來，因爲在塔頂和塔底之間的空氣墊厚得多；在你的起居室中一定做得出來，而在眞空中一定更可行。

爲什麼如此？重的物體和輕的物體在眞空中下落的速率一樣，原因很簡單，因爲雖然重力對重物的拉力大，可是重物的慣性也大，因此阻力會大些。這就解釋了爲什麼較重的鐘擺和較輕的鐘擺搖擺的週期一樣（假定鐘擺的長度一樣），爲什麼重的物體（例如地球軌道上的太空梭）繞地球的速率和輕的物體（例如乘坐在這太空梭內的太空人）繞地球的速率也一樣，因而使太空人失去重量感。這是因爲地球對太空人及太空梭的拉力，正好被它們由於慣性而想要沿切線方向飛走的力所平衡。因此，如果你在繞地的太空站中鬆手放開一枝鉛筆，你不必擔心它會掉到地上。它要嘛繼續繞著軌道走，要嘛「浮」在空中，原位不動。

馬赫原理

愛因斯坦覺得重力和慣性能如此完美地互相平衡，這巧合實在是很有趣的事。事實上，他根本不接受這是個巧合。他去尋找這巧合的原因，因而下了這個結論：重力不是一種力，而是我們生活的空間中，一種看不見的曲率。這就是廣義相對論的基礎。巴涅特說，跳躍到這個非凡洞察的「跳板」，別無他物，就是「牛頓的慣性定律……這定律寫出：靜者恆靜，或者以直線運動者恆動，除非外力迫使它改變。」

即使點燃了核彈（也點燃了每枝火柴、蠟燭及恆星）的方程 $E = mc^2$，亦是以慣性定律爲跳板。這方程最先是出現在標題爲〈物體的慣性是否由它內含的能

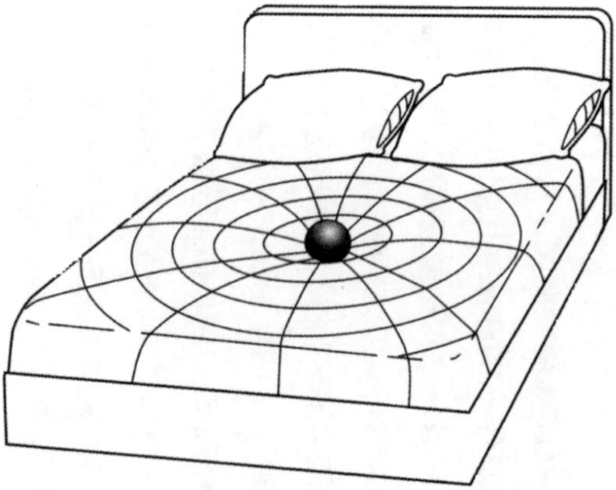

愛因斯坦的廣義相對論把重力的「力」描述為看不見的空間的幾何特性。在這個二維的類比中，在一顆大質量的恆星附近，時空被彎曲，就如在水床當中放置重球後，水床的表面就呈曲面一樣。

量所決定？〉的論文中。因此，慣性非但是神祕的，它既豐富又深刻。

事實上，慣性很可能是從宇宙中所有物質的拉力產生出來的。果眞如此，那麼刮傷你愛車的保險槓的，不僅僅是車庫中那根可惡的混凝土柱子，而是宇宙中所有星球的重量。眞的，如果我們走一步，或把汽車加速，發射火箭到太空去，我們也同時把所有的星星都推動了一點點。

這個可愛的理念在物理界被稱爲馬赫原理，以紀念奧地利物理學家兼哲學家馬赫⑩。這原理大約於百餘年前提出。這原理假定對於變化的阻力，來自宇宙中所有物體和所有其他物體的重力交互作用。每一粒子、每一恆星、每一朵海棠花、每一輛汽車，都被每一個其他的物體的重力所吸引，成爲厚密而互相連鎖的網絡。當你嘗試去推一座沙發時，你就擾動了整個被重力所糾纏住的宇宙。難怪要動還不太容易。

直到現在，還沒有人能確定，馬赫原理與愛因斯坦無比成功的廣義相對論是否相符。按照愛因斯坦的理論，時空是一片緻密的織錦，在極重的物體附近能被扭曲。請想像一隻大象坐在水床上，你大概就知道，在質量很大的恆星或黑洞邊上的時空是怎麼一回事了。如果馬赫原理是對的話，質量極大的旋轉體在動的時候會把時空帶著跑。換句話說，如果大象打個滾，水床的橡皮表面也會被帶著滾。

一九九七年末，終於在比大象大得多的物體——塌縮的恆星或黑洞邊上，看到時空被拉扯的證據了。如果真是如此，對馬赫說來真是好消息。按照義大利物理學家司得拉（Luigi Stella）的說法，這個發現「替我們證明了（愛因斯坦的重力理論）與馬赫原理是相符合的。」司得拉是聲稱看到了塌縮的恆星邊上、所謂「座標曳引」（frame dragging）現象的人。

對我們這些想要尋覓與宇宙其他部分有一些聯繫感的人來說，這也是好消息。就如一隻被蜘蛛網擒獲的蒼蠅一樣，牠的掙扎會牽動整個蜘蛛網，我們做的每件事對整個宇宙多少也都有些影響吧！

打回去

你被回擊的力不能比你打出的力更重。你只能得到你給出去的。你不能觸摸任何東西，而不被這個東西所觸摸。

——休伊特（Paul Hewitt），《觀念物理》（*Conceptual Physics*）

我還沒有回答我朋友的這個問題：「我的腳趾碰撞到東西時感覺到的力。」從某種意義說來，他感覺到的力是宇宙中所有物體聯合起來的重力牽引——慣性。可是慣性不被認爲是力。而當你的腳趾碰到門檻時，門檻還不單單只抵阻了一種運動的改變，它眞的還向回推。腳趾會感到痛就是證明，一定是某物在腳趾上施了力。

事實上，你能在地球上行走的唯一原因是，在你的腳推壓地球向前走的地方，地球也向你回推。你開的車能走的唯一原因，也是因爲在輪子壓路前進的地方，路也回壓輪子。地球不會向後動的原因是，地球的質量要比你的質量大許多許多。

這就是牛頓有名的作用與反作用定律的實質：「當物體施力在另一物體上時，這第二個物體也施加大小相同、方向相反的力於第一個物體。」力總是成雙的，有作用力，就會有大小相等、方向相反的反作用力。作用與反作用定律能把火箭送到月球上去，甚至於送到太陽系之外。如果你把氣球吹滿了氣，把它放開，讓它在房中到處亂飛，那是因爲被氣球膜壓出的空氣推動了氣球，使它飛行。同樣的，一枚在來福槍中射出的子彈能把槍反彈，這後座力大到甚至能把你擊倒在地上。

沒有摩擦力時，反作用力就更爲明顯了。當你用力推門的時候，這門並不明顯回推你，因爲摩擦力使你與門多多少少都停留在同一地點上。可是如果你穿上輪式溜冰鞋後再去推門，你很容易就會被這門向你推回的力把你推後退。而如果兩個穿了輪式溜冰鞋的人互相把球丟來丟去，他們之間的距離會愈來愈遠，因爲每一次他們向前丟球的時候，這球也會把他們向後丟一點。這個大小相等而方向相反的方程，既能應用在人們身上，也能應用在宇宙及機械的場合中。地球把一枚蘋果向地球拉，而蘋果也把地球向它拉去，就如光子能拉也能推，這種光子的拉推就是電的吸力及斥力的原因。

這宇宙級「一報還一報」的遊戲有這個奇怪的後果，即你被打回的力不能比你打出的力更重。或者如物理教師休伊特喜愛在他課堂中示範的一樣，你無法以很大的力打一張紙。儘管大力打好了，可是你能感覺到的只是輕敲。因爲這張紙無法以如五十磅的力回打你，因此你也無法眞以五十磅的力去打到它。

重力就是一種贗力

當然，「作用」隱含力的意義，就如抵制改變的阻抗也是一種力。可是，是哪一種力在做反作用或阻抗呢？我們對「力」這個名詞的用法很不嚴謹。經常人們說他們被迫去做某事⑪，因爲某人做的事使他們不得不反抗。習性的力量就如慣性一樣。物理學家認出有一類的力爲「虛構的」（fictitious）或「贗」（pseudo）力。贗力就是那些在某一座標系中看上去似乎是力，而在另一座標系中卻不是的力，就如某人可能說他受（力）逼迫去做出某種表現，而對有較廣闊視野的人來說，這人看上去僅僅是依循他正常的行爲模式。也就是說，你是否眞正被迫去做某事，全依賴觀點而定。

舉例來說，假定你乘坐一艘太空船，這艘太空船正在加速以便高速走向另一行星。

突然你的錢包掉下來了。如果你的太空船不加速，只在軌道中蕩遊，那麼你的錢包會浮在空中。可是因爲這太空船正在加速，太空船的地板很快的就趕上了這錢包，使得這錢包看起來朝地上落。

從坐在某地的人的觀點，例如某人坐在你飛過的月亮上，對他來說很明顯的是，這錢包相對來說是靜止的，而這急速而行的太空船衝上去托住它。可是對那些太空船上的人來說，看起來似乎有外部的某種力（重力，或者也許是磁石），把這錢包吸向地板。

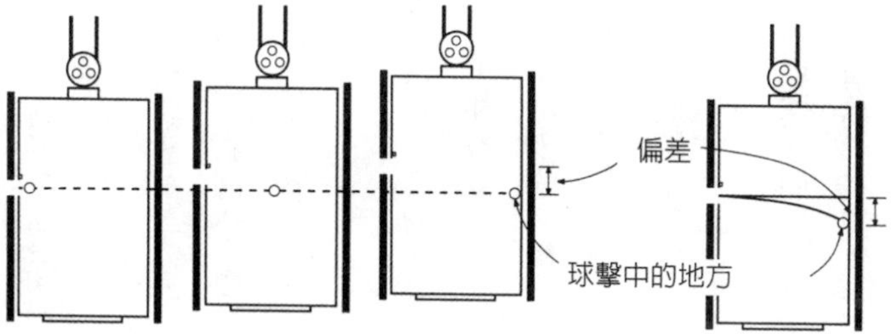

電梯。（左）外來的觀測者看到的是向水平方向丟的球，穿過窗之後，以直線進行，擊中對面的牆。因為電梯向上升，這球擊中對面時，擊到的地方要比進來的地方低。（右）對於某些在電梯內的人來說，這球在進入窗之後，似乎在重力的影響下向下落。

不管怎麼說，這錢包最後會擊中地板，或者地板擊中了錢包。物理學家崔費爾（James Trefil）指出：「力是否爲贗力，就變成了語言上的問題。對任何物理效應來說，是完全無關緊要的問題。」

這個下落的錢包就像愛因斯坦用來建立相對論的那一些「臆想實驗」（thought experiment）——相對論並不是說「每一件事都是相對的」，而是指不管你怎樣看這情勢，物理上的後果都一樣。按照愛因斯坦的看法，重力就是一種贗力。可是這並不能阻止月亮去繞地球轉，或蘋果下落地面。

就此而言，從結果來說，磁就是一種完全「相對」的力。換句話說，磁總是被流動的電荷產生出來。磁鐵的磁性來自無數自旋的電子都繞著同一方向轉，就如地球的磁場是由地球深深的內部金屬核心中，流動的電流產生出來的一樣。每次有電流流過電線，就在線的周圍產生了磁場。可是，如果你能設法跟著一枚電子走，這磁場就似乎消失了，就如你坐在一架飛機的座位上安然看飛機上放映的電影時，這架時速五百英里的飛機就「不見」了一樣。

磁是電的相對效應，就如在無風的日子吹在你臉上的風，是坐在時速六十英里的快艇裡的相對效應一樣。（事實上，船員把這種風稱爲「表觀風」（apparent wind）。很恰當的名字，和物理學家的贗力一樣。）

四種基本作用力

喔！喔！喔！你們這幾位多采多姿的傢伙，
你們不讓夸克以實體出現，
你們詭計多端，可是現在我們知道了，
你們把我們的原子核黏在一起。

——佚名，威爾茲克（Frank Wilczek）及狄凡（Betsy Devine）吟撰

以四種所謂的自然界基本作用力，來瞭解反作用力、相對力，甚至於贗力，那就很容易了。這四種基本作用力是：

重力——載這個力的粒子是尚未發現的重力子（graviton）；

強作用力——被膠子（gluon）所載，膠子把核粒子膠住；

電磁力——被光子所載；

弱作用力——被W粒子及Z粒子所載。

最後這兩種作用力已經被統一了，屬於共同的家族。有時把這家族稱爲電弱作用力

（electroweak force）。

這四種（或三種）作用力不是隨意撿選出來的。這種區分法，來自一長串、有時相當驚人的發現（發現這些力如何運用、如何相聯繫）。例如有很長一段時間，人們以爲重力被一種相反的、叫做輕浮力（levity）的力所平衡，這種輕浮力能使輕者上升（如煙）⑫。要等到富蘭克林⑬展現天才手法，大家才瞭解到屋中能產生小火花的靜電，也是閃電的組成；而要等到十九世紀，才認識出電力和磁力是同一東西的不同面向。難怪去尋求所有作用力的統一，對物理學家來說有這麼大的吸引力。這趟追尋的成功機會很大，因此我們很自然的假設，這種追尋會繼續下去，未來必會揭露出謎題的解答。

重力

最爲人熟悉的力當然是重力。它是把我們黏在地球表面的力，它把所有構成地球的成分都朝地心拉去，使地球成爲球形。重力非但穩住我們的家具，使它們不至於浮飛掉，也把空氣、雲、甚至於月球穩住不至於逃開。重力使雨及壘球下落，也是令我們早上爲什麼要使力才能起床的力，是我們站著時非要抗拒不可的力。在我們成長時，重力把我們向下拉，因此決定了我們的形狀，無論我們是樹、孩童或大象。重力是推動潮汐、氣候及洪水最主要的作用力。即使在黑洞的底部也有重力。

把力「統一」的最偉大洞察來自牛頓，他看出使物體下落的力和控制天上物體形狀的力是同樣的力。重力眞是無所不在，它貪得無厭。電荷能找到伴侶而變成中性，可是重力絕不鬆手。原子核可吸引的電子，數目有限制；可是一枚星球能用重力吸入的物質，數量卻沒有限制。

電力

在公元前四五〇年，一位居住在亞格里琴托的恩培多克利斯⑭認爲，地球的組成是粗粉，以水膠在一起搓成。可以說他差不多對，也可以說他幾乎完全對，如果把他說的粗粉代之以物質，水代之以電。平時並不容易注意到電的存在，除非它在閃電雷雨中一閃而現。可是電力才是物質中眞正的「東西」。

當你的腳趾碰到門檻時，其實是你腳趾裡的原子的外層電子碰到了木頭的原子中的外層電子，因此電是當你的腳趾碰痛時「感覺到的力」。甚至當你的腳趾碰到濃粥時不會感到痛，也是因爲電，因爲電是所有物質性質（例如木之硬、玻璃之透明、黃金的金光）的源頭。在原子核外圍嗡嗡轉的電子，其交互作用正是所有現象之源，從火到思考，從烹飪到消化，從嚐味到嗅味，從水的溶解能力到肥皂的清潔能力。電是能使物體互相膠住的力；它造成水能沿著樹幹向上爬及血液能在微血管中流動的毛細作用；它甚至於是摩擦力之源。

如果你思考一下，運動中的電荷居然能產生出另一種力「磁力」時，也許會對電力更加欽佩。而當電和磁併爲一體時，它形成了一連串的交變波，在空中以每秒三十萬公里的速度颼颼而過，成爲所有的輻射，包括了可見光、熱、微波、無線電波及電視訊號、X射線及加瑪射線。

強作用力、弱作用力

強作用力和弱作用力一直都是藏在原子寶瓶中的神怪，直到最近才跳出來。強作用力有時稱爲核力，因爲它的領土在原子核中。它的作用是產生核反應，最重要的是，強作用力是把原子核中的成員拘束在一起的力。如果沒有強作用力，就沒有除了氫（只擁有一個質子）以外的元素；就不會有行星，也不會有生命。強作用力替核反應器、核彈、太陽及恆星加油，使它們產出能量。

當物理學家朝原子核的核心看得更深時，他們發現核力大概是一種很複雜的作用，來自另一種更基礎的力，叫做色力（見第一章注釋㊳）。可是這種色力與可見光的顏色毫無關係。色力是一種由膠子所載的力，在夸克之間作用。終究說來，把夸克、把原子核膠合起來的力就是色力。

談到弱作用力的時候，說它是放射性的推動力就夠了。放射性的後果當然不小，它使地球變暖到能維持生命的程度，而它引起的隨機突變協助了物種的演化。最近已經顯露出，它和電磁力有共同的根源。這共同的根源已經在數學絕技中展示出來。這使人聯想到幾世紀前，馬克士威把電和磁統一起來的工作。指向歐洲粒子物理研究中心發現W粒子及Z粒子（攜載弱作用力的粒子）之路的，就是最近完成的電弱理論。

力非常挑剔

朝這些力很快的一瞥，立刻就能告訴你，為什麼物理學家會這樣對統一感興趣。這些力之間似乎一點都毫無關係，例如，重力只有一種表現方式，它把任何物體都拉向其他的任何物體，這就是為什麼宇宙中有這麼多球形的東西。這也解釋了為什麼我們能這麼容易注意到重力。

其實重力要比電力小上億萬又億萬倍。然而我們通常注意不到更有威力的電力，因為在宇宙的大部分，正負電力相平衡，因而不帶電；也就是說，電力和重力不同，電力能吸能斥。整個宇宙各處（特別是相當陰涼的地球表面）的每一負電荷與每一正電荷都聯繫在一起中和掉了，形成不帶電的物質。當你把這類電荷摩擦掉（例如腳在地毯上磨來磨去），再讓它們合攏時（例如手觸到金屬門把），你能造成一些小火花。當巨大的雷雨雲被風朝上吹時，和雨點互相摩擦，就像你的腳在地毯上摩擦一樣，能把大量的電子摩擦掉；又當這些電荷合攏時，就造成了更大量的火花，我們稱這大火花爲閃電。

在其他方面，重力和電力（或電磁力）非常相似：強度隨距離而減的方程一樣，至少從理論上來說，兩者的影響都可以遠達宇宙的盡頭。

另一方面，兩枚夸克相離愈遠，神妙的色力強度似乎可無限制地增加，因此夸克被拉回的力就愈猛，結果是夸克永遠地陷在一起。科學家從來沒有發現過自由態的夸克（也許永遠不能有）。

更奇怪的是，這個還不太爲人瞭解的色力，在極近距離時似乎就完全消失了，因此能讓夸克自由地在緊緊封閉住的囊袋中遊蕩，東

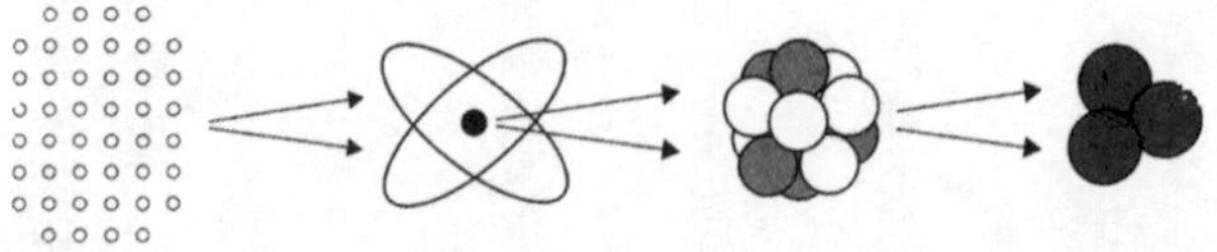
物質由
原子組成
原子中含有
原子核及電子
原子核中含有
質子及中子
質子（中子）由
三枚夸克組成

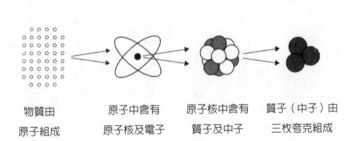

物質結構的不同層次

敲西擊。爲什麼色力的行爲是如此，仍舊是極熱烈研究中的主題。有些物理學家把這種古怪的行爲，歸因於膠子「眞空」的性質或者虛無空間的性質⑮。

各種作用力非但有差異，效應延伸的距離也大不相同。例如，地球使出的重力能影響到遠處星球的慣性（反之亦然），但效應非常狹隘的弱作用力，只能延伸到質子大小千分之一的距離。

重力是宇宙中最強的，也是最弱的力，端視你選取的距離及尺度大小而定。對宇宙、人及星球來說，重力是主要的力；可是對原子甚至於小蜘蛛，一點都不會察覺到它。對重量輕的東西來說，從小植物到分子，管轄它們的力被化學作用力取而代之，諸如表面張力、內聚力、毛細作用，而這些力在本質上都是電力。在原子核內，強作用力是主要的力，可是一離開原子核，強作用力就消退到幾乎等於零的地步。強作用力擁有很強、可是有效距離很短的力，要到兩核子相當靠近時才會有作用。

把事情弄得更複雜的是，作用力非常挑剔。不同種的作用力只在某種東西上才有效應。帶電力的粒子只能影響到有電的東西。膠子只在夸克之間及其他膠子上才能施出色力。弱作用力則只同左旋的粒子及右旋的反粒子有作用。可是重力卻能影響到每一物體。重力之源是質量，而任何東西都有質量，即使是以能量形式出現，也有質量。（這就是愛因斯坦的方程$E=mc^2$的意義：能量E等於質量m乘以光速c的平方。）因此重力可以使掠過恆星的光束彎曲。就是這個重力的普適性質，讓愛因斯坦看出它是一種所有（彎曲的）空間的偉大幾何。

時空中的皺紋

在物理學家的處方中，組成世界的成分已不再含有粒子了，而只含有幾種場。

——溫伯格

某種意義下，彎曲的時空僅是圍繞著一件物體的重力場而已。場是從粒子（或星球）延伸出來的、在空間中的一種張力，就如蜘蛛網的輻絲，把它的影響分布到其影響所及的所有其他粒子，甚至能與真空吸塵器一樣，吸入其他不小心靠近的粒子。「場」是用來克服「反對牛頓對重力的理念」的觀念。牛頓從來未回答過這些問題：重力怎樣伸手去抓住蘋果及月球？力是怎樣從這裡傳播到那裡去的？場的觀念就消除了對「超距作用」（action at a distance）的煩惱；它暫時把距離消除掉。場把粒子的影響力延展到它本身之外的空間去。

開始的時候，力場僅是一種觀看力的行爲的有趣方式。也就是說，如果你把鐵屑撒在磁石附近，它們會排列成和磁力場相應的形狀。同樣的，行星繞日的方式也是按太陽的重力場排列而成的。

場的理念能把力轉換成幾何，使它們變成這景色中不可缺的一部分。例如，如果你有一枝看不見的管，而這管在好幾個地方彎曲了。你朝這管的內部丟入球。你可以說，這球被管壁的「力所迫」沿著彎曲的地方滾動。可是你也可以說，這球沿著這些彎曲的途徑滾動的原因，是因爲空間彎曲。人們把大型的力場（如重力場）的影響稱爲空間的曲率，而有時把小規模的力（如電磁力）稱爲讓空間起了「皺紋」（wrinkle）。

無論如何，力場是一種在大腦中有用，在數學上也有用的理念，讓人們可以想像出作用力是如何運作的。它是一種對力的效應的描述，能敘述出在空間每一點這力的方向及強度。

力場的功能還不止於此。力場可以自己存在，不依存創造它們的粒子。行星或一枚電子是一種力之源，這力創造出圍繞它的空間中的張力（場）。可是即使這行星或電子不存在，這力場仍舊可以存在。當一枚在太陽中的電子扭動時，它在附近的電場中產生出一些皺紋，這些皺紋以每秒三十萬公里的速度前進，約八分鐘後這皺紋在地球上某地方的電場中也產生出一些皺紋，這些皺紋如果被探測到，則成爲「光」。皺紋從一處到另一處的旅行需要一段時間。光從太陽來到這地球需要八分鐘的時間，如果在這八分鐘之內太陽不亮了，我們還能在這八分鐘之內看到它。當一顆恆星爆炸了，多年後它的重力場仍然徘徊不散。力場有它們自己的生命。

基於鮑立不相容原理

在通往「力也是粒子」這理念的路上，提出「重力場可以是一種分立的實體」的觀念，是很重要的第一步。下一步就是量子力學。它來自這個發現：所有的物體，包括能量或力場，都是量子化的，也就是說，出現時是一團、一團的。力粒子和光子一樣：光子其實是一小團電磁場，以光的速度從這裡走到那裡去；運動時，光子攜帶著它的量子化的動量及能量。力場和力粒子之所以看似不相同的東西，那是因爲我們缺乏適當的想像力。

無論如何，這個力粒子的影像已經根深柢固的栽種在物理學中了，特別是在科普寫作中。你經常讀到，粒子和別的粒子「互相交換」，就如穿了直排輪鞋的兩個人在「互相交換」球一樣。按照這個影像，這個來自交換的力，就是使這些粒子互相離開的推動力。可是這個影像卻不能解釋吸引力。在這種情況，兩枚粒子被拉近的原因是因爲它們「分攤」了同一力粒子，就如兩個人在共用一枝傘時就會靠得很近一樣。語言的交換，即談話，能使人與人之間互相吸引，或相斥（話不投機）。許多化學鍵就來自原子互相分攤電子⑯。

如果可以把力看成粒子，那麼，物質和這些拉拉扯扯之間，有什麼不同的地方？「東西」和「影響」之間是否不同呢？你能否把演員和演技分開，即把人（或粒子）做的事與做事的人（粒子）分開？愛因斯坦認爲這兩者之間的任何區別都「似乎是人爲」的。今日的物理學家則把所有的東西，都以場來描述。

可是物質和力之間畢竟有個很重要的不同點，而這個微妙的不同點就使你的腳趾碰到硬物時會感到痛。物質的粒子（如質子、中子及電子）順從鮑立不相容原理，這是原籍奧地利的瑞士物理學家鮑立發現的。原子的電子殼層觀念也植基於鮑立不相容原理，因爲這原理說沒有兩枚電子能占有同一量子態。例如，如果在某一殼層中所有的空間或量子態都裝滿了，那麼再加進去的電子只好占用另一個空殼層。鮑立不相容原理解釋了爲什麼不能壓縮物質，因此它是眞正的「原理」，這原理使物體堅實，也是使你的腳趾碰到硬物時會感到痛的原理。

同一原理（即熟知的電子壓）使恆星不至於塌縮。當一顆恆星的質量大到使重力大於電子壓的地步時，這恆星確實塌縮了：電子被壓縮到原子核的內部，與質子匯合形成中子，因而形成一顆中子星。如果到了連核力也不足以抗拒重力的地步，這星體會繼續塌縮下去（至少在理論上如此），形成我們稱爲黑洞的東西。

可是力粒子並不順從鮑立不相容原理。你步入一道光束的時候，腳趾不會感到痛。力粒子追隨一種不同的統計法，叫做玻色—愛因斯坦統計，這就是為什麼力粒子被稱為玻色子⑰的原因。大多數的物質粒子則順從費米—狄拉克統計⑱，因此這類粒子也叫做費米子⑲。

力與物質的邊界又模糊了

一九九五年時，物理學家因為製造出一種廣被視為新形態的物質——單個的「超原子」，而把這個分類法搞糊塗了。這超原子是以力粒子方式凝出的單一物體。這是在科羅拉多大學一只胡蘿蔔大小的瓶中創造出來的，瓶中的溫度是宇宙最低的，離絕對零度只差十億分之十七度（攝氏負二七三度）。在這低溫下，這個稱作玻色—愛因斯坦凝結體的物質存在了二十秒之久。

一點不奇怪，這個奇怪的態在如此極端的溫度才能存在，就如愛因斯坦的相對論在極端的速度，才能明顯看出來。物理定律經常只有在極端的情形下才失效，這使得未被探測的範疇打開了一絲裂痕，讓科學家能夠窺視。

在世界上的幾個粒子加速器實驗室裡，物理學家仍然熱烈去尋覓所謂的夸克—膠子離子體，這是一種物質的極熱態，在這溫度下夸克與膠子凝成一種太初宇宙渾湯，在這渾湯中，力與粒子模糊不清，無法區別。物理學家認爲物質是在這種情況下形成的。

與掠過物體的光投出的模糊影子一樣，力及物質的分界線似乎也模糊不清了。

【注釋】

①譯注：場（field）是一種能影響某空間性質的又抽象又實質的東西。能影響到電的性質的叫做電場，能影響到磁的性質的叫做磁場，等等。可是場只能影響某性質，不能直接影響到這某性質以外的東西，因此可以說是無法捉摸的；從這方面來看，場是抽象的。可是場帶有能量，能量可轉換成質量；因此從這方面來說，場有實質。本段內文裡的「靈氣、氣氛」，作者用的字是aura，指抽象的氣氛，如某人「神氣活現」的神氣。

②譯注：歐洲粒子物理研究中心，法文簡稱CERN，高能物理研究重鎮之一，位於瑞士的日內瓦。官方英文全名是European Organization for Nuclear Research；在科學界的英文全名是European Laboratory for Particle Physics。

③譯注：羅素（Bertrand Russell），1872-1970，英國數學家、哲學家，開創邏輯論。

④譯注：愛薩克（Isaac）、亞伯特（Albert）暗指牛頓（Isaac Newton）及愛因斯坦（Albert Einstein）。

⑤譯注：這裡艾丁頓用了雙關話，鯉魚是carp，可是carp的另一意思是吹毛求疵的人。

⑥原注：當然，牛頓也認出這種阻力是一種很有威力的力，因爲他有名的作用及反作用定律中提到過。

⑦原注：造成光的是波動中的電場及磁場，它們很接近永動機。當光在你的視網膜上銘印成像的時候，它可能已經旅行過數百萬光年的距離。

⑧譯注：這裡要把慣性是一種「力」釋疑一下。牛頓力學定律中有：質量（m）乘以加速度（a）等於力（F）。現在把這方程改一下，變成 $F-m\times a=0$。這麼一寫，質量乘以加速度就等於一種把「力」抵消的「阻力」了。這種阻力來自質量，或慣性。

⑨譯注：伽利略的確提過這個實驗，可是大概只是用來論證，沒有眞正去做過。有人計算過，如果把一顆十磅重的球和一顆一磅重的球同時從比薩斜塔上落下，因爲空氣阻力的原因，十磅重的球會比一磅重的球早零點三秒左右先著地。零點三秒的時間差很容易看出來。因此，如果伽利略眞的去做了這個實驗，可能會產生反效果。

⑩譯注：馬赫（Ernst Mach），1838-1916，奧地利多才多藝的物理學家、哲學家，他提出的馬赫原理（Mach principle）、經濟原理（科學家要用最簡單的方法達到結果，並排除不能被感官察覺的東西），影響了包括愛因斯坦在內、好幾代的科學家。

⑪譯注：英文的被迫是「forced」（被動式）這字，中文只能說被迫或受到壓力，不說「受力去做某事」。

⑫譯注：這是十六，七世紀以前的想法。

⑬譯注：富蘭克林（Benjamin Franklin），1706-1790，美國開國元勳、科學家，證明閃電是電的某種形式。

⑭譯注：亞格里琴托（Agrigentum），在義大利的西西里島上，今名爲 Agrigento，爲希臘古文化中心地之一。恩培多克利斯（Empedocles），公元前490-430，爲希臘政治家及哲學家。

⑮譯注：我們對眞空的觀念是虛無一物，即什麼也沒有。可是在粒子物理中的眞空不然。爲什麼在高能粒子相撞擊時能產生出粒子—反粒子對？物質不能無中生有，這些粒子對是從哪裡來的？粒子物理的假設是，眞空中已經有粒子—反粒子對的存在，它們是零能量的粒子—反粒子

對，因此沒有慣性，也沒有重力，不受重力影響。可是它們的的確確在那裡。在高能粒子的撞擊中，這些粒子對得到了能量，就脫穎而出，成爲眞的粒子對。粒子物理中最困難的主題，就是去瞭解這個眞空的特性。

⑯譯注：舉一個例子：氫原子的外圍有電子，可是要有兩個電子才能把這個軌道塡滿。當然也可以再塡進去電子，可是那樣會把這氫原子變成帶負電。但是如果另有氫原子來了而形成氫分子，在這個氫分子中的電子爲這兩個氫原子所分攤，因此每個氫原子都有兩個電子。氫分子又不帶電，氫原子也都擁有兩個外圍的電子，因此很穩定。這種電子的分攤，形成了一種化學鍵，叫做共價鍵（covalent bond）。

⑰譯注：玻色子（boson），具有整數自旋的粒子。同種玻色子傾向於聚集在同一量子態，並不服從鮑立不相容原理，故玻色子亦稱合群粒子。光子與各種介子都是典型的玻色子。

⑱譯注：簡單說來，玻色—愛因斯坦統計（Bose-Einstein staticties）中，每一量子態（或空間）中的粒子數目沒有限制，而在費米—狄拉克統計（Fermi-Dirac staticties）中，每一量子態（或空間）中的粒子數目最多爲一。理論上說來，順從玻色—愛因斯坦統計的粒子可以都擠在最低量子態中（即能量最小的量子態），叫做玻色—愛因斯坦凝結體，可是自一九一〇年代預測到這種凝結體以來，一直都沒有發現這凝結體，因爲所需的溫度極低。直到最近才能做到這麼的低溫，見內文下一段。

⑲譯注：費米子（fermion），具有半整數自旋的粒子。一個量子態頂多只能被一個費米子占據，亦即費米子服從鮑立不相容原理，故亦稱爲不合群粒子。電子是典型的費米子，夸克也是。奇數個費米子組成的粒子仍爲費米子，例如質子；偶數個費米子組成的則爲玻色子，例如介子。

第七章 量子躍遷

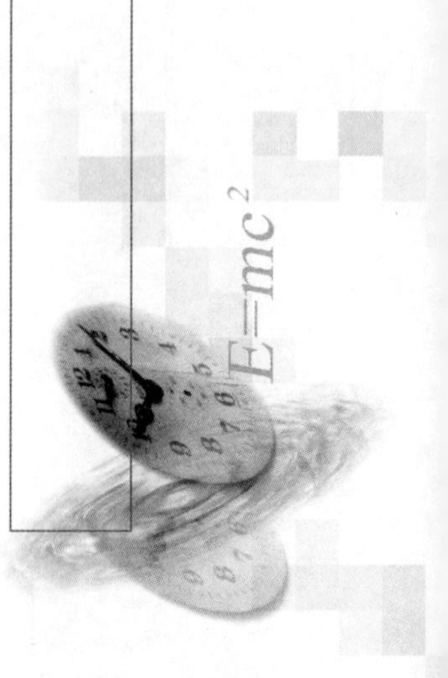

簡言之，這就是量子的神祕處：當你觀測到一枚電子的時候，它是一枚粒子，可是在觀測時間以外，它卻以波的形態延展開來。與電子相比，甚至連鴨嘴獸也不特別①。

——馮貝爾（Hans Christian Von Baeyer），《馴服原子》

一九二〇年代早期，量子理論的引進，標誌出物質科學中最大的革命之一。我們再也不能用以往認知物質世界的隱喻，來對這門學科進行恰當的描述，因爲從以前借來的隱喻都不合用。對量子事件的想像上無能爲力，使得大眾產生了一種概念：原子內部模糊不清、不可測、陰森、不確定。但相反的，大多數物理學家都同意量子理論給科學帶來的是與這些想法相反的東西——既具體、又清晰。

量子力學是什麼？就最簡單的意義來說，它是量子化事物的力學。力學是以能量、力及運動來解釋事物如何運行的學問。在二十世紀以前，牛頓力學，也稱爲古典力學，能把事物如何運行解釋得相當好。你我都知道典型的牛頓古典系統：撞球相撞後錯開的運動，其路徑、能量及動量都能很精確地測定出來；繞日的行星系統則依重力定律運行。在拉塞福「看」到原子核之後，人們也把原子看成同類的行星系統：電子繞原子核轉，就如行星繞日運轉一樣。而原子的行爲則如撞球；即使是很「小」的撞球。

可是牛頓力學的中心特徵是，每件事物都是連續的：在空間中物體很平滑地流動著；能量能以無限制的數量來來去去；光是連續上下擺動的波；任何東西都沒有極小值。

但量子力學把這些全都改變了。現在我們知道，能量、光、力及運動（及衆多的其他東西）都是量子化的。你不能要任何數量的東西；你只能有某極小值倍數的東西。量子力學的意義是，所有次原子事物的質（以此類推到萬物），都是可以很精密地去「定出量」來的。在某種意義下，這就能使所有的東西都很整潔，甚至於要比大衆的意識還要「科學化」。可是這也等於說，牛頓宇宙中的平滑連續性就此沒有了。現在大家看到的自然，是結結巴巴的或顆粒的，從一數量跳到另一數量去，從來不橫越這二者之間。

不確定性就此降臨？

再者，這就引導到很不安的不確定性，即在這兩個量子態「之間」，在這些量子躍遷「之中」，發生的事到底是什麼？事實是，你無法精確地知道在兩個量子態之間發生了什麼事。至少以人類的語言來說，兩個態之間並無「過渡時期」。你能有一，或二，或三個單位的能量或動量（或光、力、物質），可是沒有一個半，或者兩個半單位的這種東西。在量子力學世界中（當然這就是我們的宇宙），每件事物都以量子躍遷的形式發生。

換句話說，量子力學看上去是模模糊糊還是清清楚楚，就要看你專注的是兩個互補性質中的哪一個。如果你專注於某種相向，譬如衆人皆知的海森堡測不準原理，那麼量子力學就顯得很模糊不清。而如果你專注的是量子單位的明確性，那麼量子力學看起來就很具體。

物理學家維斯可夫甚至於說，測不準原理應當稱為明確性原理。他提出的理由很能令人信服：考量典型的牛頓系統——九顆行星繞著中心的太陽在軌道上運轉。古典物理定律允許非常大的彈性。重力理論要求的只是這九顆行星在多少看似橢圓的軌道上運轉；沒有哪件東西要求地球軌道或者任何行星軌道非得如此不可。事實上，任何橢圓軌道都行，看這太陽系在形成時的初始條件是什麼②。而如果一顆路過的星體來到太陽系附近，以其重力把我們的世界牽動一下，那麼我們的軌道就無可挽回地受到影響了。我們目前的軌道沒有任何特別的性質使它永遠在這裡；或者，如果我們的軌道被改變了，也沒有理由它會再跳回原來的軌道。因爲繞其他恆星旋轉的行星，允許任何形狀的橢圓軌道，我們有可能發現繞其他恆星的行星系統，具有各種不同的安置方式（實際上已經發現了）。

與這個形成對比的是被人們描繪爲小型太陽系的原子系統。中心的原子核吸引住它附近的電子，就如太陽吸引住繞行它的行星。可是相同之點到此爲止。在太陽系中，可能有無窮的穩定軌道形態；然而在原子系統中，只有一百來個——每個對應於一種已知的元素。如果這系統含有一個核子（太陽）及一個電子（行星），它只有一種形象：氫原子。所有的氫原子都一模一樣。

「在量子力學出現之前，」維斯可夫說：「我們對於大自然的瞭解，與自然界最顯著的特性並不相稱。自然界的特性是很明確而特定的。蒸氣一定是蒸氣，不管你在哪裡找到它。岩石永遠是岩石，空氣也永遠是空氣。你我都無法區別在兩個不同礦脈中採到的兩片黃金。」即使在不同星系中找到的兩片黃金，也一定會有完全相同的性質。

我們原本對於大自然的理解卻不是如此。照理說，我們應當很不可能找到兩個完全相同的原子，就如極不可能找到兩個完全相同的太陽系一樣。可是事實明顯不是這樣。你吃進肚子裡的三明治中的碳原子，在數小時、數日、甚至多年後離開你身體時，仍然是碳原子。那些組成碳原子的質子、中子及電子只能「非如此不可」。量子力學替我們的原子科學，帶來這種一絲不苟性。如果還有不能確定的系統，那必定是古典系統。

已經有太多描述量子理論的好書了③，因此我根本不必在這短短的一章中，嘗試寫出量子力學的詳細發展經過。我只需要說，在一九二〇年代早期，波耳率先想到如何運用駐波④的類比，去瞭解原子的一絲不苟性及其穩定性。

拿一條跳繩，或者一根小提琴弦，把兩端繫牢。如果你把能量灌到繩中使它搖擺，它只能以某幾種方式去振動，只能有幾種既定的形態。一根小提琴的弦只能以它的基波頻率去振動，或兩倍、三倍、四倍、五倍於基波頻率去振動；換句話說，以它特有的諧波（harmonic）去振動。它不能以兩倍半的基波頻率去振動。如果你把受限制在原子中的電子「波」想像成同樣的振動，就能瞭解爲什麼它會被迫只能有幾種既定的振動態了。原子和太陽系不同，天生就具穩定性及自恰性（self-consistency），因爲電子不能在原子核中任意行事。宇宙中的每一氫原子都敲擊出同樣的和絃頻率。（維斯可夫說，他有一次在鋼琴上想奏出氫的和絃，「眞難聽，」他說：「這可不是爲我們的耳朵譜出的音樂。」）

給我量子，其餘免談

當然還有其他的類比，可是沒有像這個駐波的形象這麼管用，因爲事實上電子的表現也像波。你也可以想像原子內的電子像一位跳上樓梯的女孩，她能一口氣跳上第二階、或第三階、或第四階，可是她無法跳到第二階半，或者三又四分之一階，定在那裡。她需要某個最小量的能量才能跳到上面一階，如果她沒有足夠的能量跳到第四階，就只能留在第三階。所以，若外來的輻射能量比量子躍遷所需的能量小，這個原子就不能吸收這輻射。

或者你可以想像女孩跳下樓梯。這次當她跳到低階時，就把能量給了地板。可是這能量也是定量的，例如從第四階跳到第二階，給出兩階的能量。

當一枚電子跳到低能階時，它放出的能量形式是光。從第五階到第三階的躍遷，可能發出定量的紅色光；從第六階到第二階的躍遷，可能發出能量更大（更高頻率）的藍光；從第二階到第一階（基態）的躍遷，可能放出低能量的電波；從第八階到基態的躍遷，可能產生高能量的X射線。在原子核中也有類似的一系列能量更高的量子態，放出高能輻射，如加瑪射線。

換句話說，原子發出的每一顏色，都與能態的變化相對應。這些顏色（即每一元素放出的光譜）的獨特性，就和簽名一樣。例如鈉元素的光譜無論在哪裡發現到，都一模一樣，即使在最遠的恆星亦然⑤。這些量子力學的指紋，能顯示出遠處恆星的組成。

熱的金屬（如燈泡中的燈絲）放出的是連續光譜，而非量子躍遷時放出的很尖細的光譜線，因爲它們發射光的方式和氣體不同。加莫夫把受激的氣體發出的光描述爲單一個樂器發出的諧音，可是在固體中的原子靠得很近，因此就像把所有樂器都丟在大袋子裡面搖晃發出的音。從熱金屬發出的光的譜色不是來自拘束在原子中的電子，而是來自自由電子。這些自由電子的振動多多少少是隨機的⑥，它們不必從第四階躍遷到第一階，或從第六階躍遷到第二階；它們放出的是整體連續頻率的光。就因爲這原因，任何熱到能發光的物體發出的光，都是同一顏色，與這熱的物體是什麼無關。

有時灌入原子的能量大到能把電子從原子中拉出來。這原子不再是普通的碳原子或氖原子，代之的是離子（ion）——帶電的「部分」原子。如果所有電子都被敲出，得到的是一種特別的氣體，稱爲電漿（plasma），這是原子核與電子的混合物，呈現非結晶形態⑦。在電漿內沒有量子態（也沒有「原子」）。可是宇宙中的大多數物質都存在於這種高能量形態中。恆星等於是一團電漿球；那些能告訴我們恆星的組成的譜線，乃是來自星球表面較冷的地區。

但是在地球上的溫度範疇中，量子支配一切。維斯可夫說：「歸根究柢，自然界中所有我們看得到的規律形態及構造，從雪花的六角形到花及動物錯綜複雜的對稱性，莫不基於這些原子模式的對稱性。」你從父母得來穩定的基因，這個事實就是基於DNA分子中的量子態天生具有的穩定性。石頭之硬，面紙之軟，從窗子飄蕩來的花香——所有的一切都來自原子的量子態。

結果是，所有在次原子世界中的每一樣東西都量子化了：非但能量及光，連物質、作用、動量、自旋⑧、電荷，及所有其他次原子的奇異特質，如奇異性、魅等等，也都量子化了。關於作用，或者運動，或者任何大小物質，如果想要它們小於自己的最小量，可以免談。一枚原子如果要吸收這些特質，要不是吃進一整個，就是不吃；這些東西的吞吐量一定是量子化的團塊。

量子化並不陌生

其實只有當你特別去想這些事的時候，才會覺得似乎很奇怪、不舒服。畢竟在日常生活中，許多東西都是成塊狀的，例如汽車的傳動器。加莫夫指出，你的車子的齒輪箱就是類似原子中的量子態：「你能把它放在低檔、二檔、或者高檔，可是不能放在兩個檔之間。」另一個大家很熟悉的現象就是人。費曼喜歡引用這個人人都熟悉的例子，「平均每一個美國家庭，有二點二個小孩」。每個人都知道這是個笑話，因為大家都知道小孩就如量子一樣，是單位。

甚至有些人說，頭腦的思考、乃至於想像力的躍進，也具同樣的量子化性質。很少有觀念的轉變是連續漸變的，文化、認知、信仰，經常割裂如量子態，這就是爲什麼我們一旦想法改變時，就好像變了個人似的。這一點也不用奇怪，因爲，連我們的頭腦也是量子化的：神經元傳送神經衝動時，要不就全部傳送，要不就都不傳送。

當然這裡講的大都是隱喻。可是隱喻很容易用來使人聯想到，量子不是完全不熟悉的理念。總之，量子化的意思就是有些東西一定要以整體的方式來描述，例如小孩、雪花、原子態，而記憶、經驗、詩、畫，及一大堆其他的東西亦然。它具體地表示出無法再簡化的「開／關」、「是／否」的品質——在這個電腦時代，這對於任何喝電腦奶水長大的人應當是很親切熟悉的。例如人能有某種範圍很廣的品質，如魅力，可是一到了原子，你要不是有，要不然就沒有。同樣的，對能量、自旋、奇異性、電荷等等亦然。

以較不帶隱喻的方式來說，幾乎任何與波有關係的東西，都很容易讓人聯想到量子態的特殊性質。非但一根小提琴的弦，連笛子及風琴音管中的空氣，都以基波頻率或基波頻率的整數倍頻率去振動，每一次都以量子躍遷的方式跳到下一個諧音去。甚至於單獨的波也是量子，意思是說，一定要以整個來算。要說某波的三分之一，就如說三分之一個小孩那樣毫無意義。

演化生物學家古爾德說，我們對量子躍遷的恐懼來自「根深柢固的西方思想的偏差，這偏差使人們傾向於去尋覓連續及緩慢的改變；有古語云：大自然不作興躍進⑨。這是古代博物學家宣稱的。」

古爾德是一位新派的博物學家，他的信念是，即使是物種的演化也很可能像量子躍遷般發生。「改變通常是很快的穩態之間的轉變，並不是慢慢逐漸從一態到另一態的轉變，」古爾德這麼寫道。化石累積出的證據似乎否定了老一些的理論，說演化是緩慢而連續的，以適應環境的改變；相反的，物種似乎在出現以後，滯留一陣子毫無改變，然後就消失了。

古爾德很奇怪地發現，許多前蘇聯的科學家早已有了某部分相同的認知。他猜臆，這是因爲他們在辯證法則上的訓練。辯證法倡議，「系統在抗拒許多慢慢累積的壓力後，到了它的臨界點時，改變就以躍遷的方式出現。把水加熱，最後就沸騰。把工人壓迫又壓迫，最後就起了革命。」

質與量

灰塵、沙粒、小圓石、岩塊及巨礫，都由同一材料組成。只是，它們是含有不同數量的同樣東西。可是我們卻把它們看成不同質地。因此，在這意義上，量就是質。

——莫里遜

多一些（或少一些）某物，就能改變物體的質，這是量子力學的核心理念。可是這也是最難去接受的觀點。當物理學家開始用「量子數」向民眾解釋自然界的構成要素時，常常會給聽眾一種毛骨悚然之感。加或減單一的自旋或電子，或者其他的量，就能造成氖和鈉之間的區別？那是怎麼一回事？最後居然也能造成蘋果和橘子之間的不同？最直截了當的回答當然是，電子的數目決定了物體的化學性質。可是，還有更爲有趣及更具基礎性的關係，等你來發掘。

第一位認出質與量的親密關係的人是，公元前六世紀的希臘哲學家畢達哥拉斯。他發現了，樂音的調子高低和發出這音調的弦長度有關，而最悅耳的樂音對應於最簡單的數學比率：二比一，產生出八度音；三比二，產生五度音；四比三，四度音，等等。這些樂音的品質就如元素的品質一樣，是基於它們各部分的數字關係。

在今日，數量能影響品質的證據到處都是。錢的數目及教育程度的高低也許不會嚴重影響到你的生活品質，可是幾乎可以肯定的說，污染程度及住家鄰近的犯罪率卻有很大的影響。某些有益的東西（汽車、塑膠、房子，甚至於人口）數量大幅增加，能把這些事物轉變成在質方面的大災禍。吃了太多的藥就會中毒。原子彈不僅能造出更大的戰爭；殺死數百萬人和把人類文明完全毀滅是質方面的問題，而非量方面的問題。

最能使人欽服的，由於量變而導致質變的例子就是人腦。物理學家維斯可夫說：「當人類在動物界中演化時，一定有些新東西發生。我們認爲這個新要素完全基於神經系統中的數量差異。把這系統增大了，自然界就建立了一種新的演化形態，這新形態把以前所有演化時代的法則全都毀棄了。」博物學家古爾德也有同樣的感受：「也許最驚人的事就是複雜系統的通性（我們的腦是其中之一），它僅僅改變了結構上的量，就導致不同功能的奇妙品質。」

大量的原子可構成有機分子，大量的有機分子可構成人，而大量的人口可構成群眾或國家。不管是哪一層次，都能清楚見到量變引起質變。

在極端的溫度下，這種量變引發的質變會產生極富戲劇化的後果。如以前提到的，在極高溫時，物質解體；電子離開原子核，共同形成電漿，這是恆星的建材。電漿和地球上的尋常物體大不相同：第一點，帶電粒子不再附著在一起，而是單獨行動；第二點，它並沒有顯著的分類，如矽、氧、鉛等。

在更高的溫度，更極端的物態也會出現，原子核完全分解爲質子及中子。在還要更高的溫度（也許在宇宙創生之際），即使質子及中子也分解了。如果那些從高能加速器跳出的神祕反粒子及介子，對我們說來是很奇異的東西的話，那是因爲它們代表的是與我們習見的物質，在性質上完全不同的粒子。

溫度若向下降，物質就會呈現一系列性質完全不同的物態。例如當降到某一溫度時，氣體就轉變成液體；在更低的溫度，固體及晶體會出現。在極冷的溫度，還有另一種奇異物態，與高溫時的另一物態有異曲同工之奇：某些物體在超冷的溫度會變成「超導體」，它們能讓電流永遠流動，絲毫沒有電阻。極冷的氦變成能從瓶中自動沿瓶壁而上、流到瓶外、再往下流的「超流體」。極冷的物質的原子排列方式變得極爲有序、極無雜訊，使微妙的量子效應變得具體可見。當所有由熱引起的隨機運動都除卻後，人們能聽到原子內部的嘯聲，「就如貝殼的低吟一樣，」一位物理學家如是描述。

同樣的，大小尺度的改變也會帶來質方面極大的改變。一顆如恆星大小的撞球，行爲自然與原子大小的撞球截然不同。普通撞球大小的物體不會被它本身的重力所壓而塌縮，可是星球大小的撞球卻會。原子大小的撞球，行爲和普通撞球不同，它像波。

彎曲的空間主要是大物體的屬性；量子效應只能應用在微小的東西上面。在原子大小的尺度，重力微不足道；但在宇宙大小的尺度，重力卻是最重要的力。眞的，目前物理學家最緊迫的第一要務，乃是在找出極大和極小的行爲之間的聯繫，所謂重力量子化的工作。

探索極端

京斯爵士指出，雖然哲學家通常都在質方面作思考，物理學家卻經常把事物按量來描述，「哲學家講師可能向聽衆說一塊方糖有這些品質，如硬度、潔白度、甜度等，可是他的科學家同儕在隔壁的科學課堂中，可能在解釋剛性係數、光的反射係數、氫離子的濃度……這些描述硬度、潔白度及甜度品質的量度。」

不過，還是很難在量與質這兩者之間畫出一條界線來。因爲，如果氫離子的濃度是甜味的量度，光反射係數決定潔白度，那麼從這種眞實的意義來看，品質就是量。

就此而論，談到量子力學不免會牽涉到一種跳到新範疇的量子躍遷，在那裡幾乎所有東西的質都不同，主要原因是因爲在那裡我們談到的東西都非常小。愛因斯坦知道走向大小的極端或速度的極端，會在質方面帶來令人驚奇的後果。在整部科學史中，最有成果的探索經常徘徊於極端及邊緣的地區——熱與冷、快和慢、大和小、少與多的外限。或者如一位物理學家朋友告訴我的，「所有在中間的東西都屬於工程。」

因此，如果量子力學對我們來說似乎很怪誕，也許只能說這是很自然的。從我們的觀點去看，原子是不可想像地小。我們不應當奇怪，它們的行爲與我們熟知的截然不同。

【注釋】

①譯注：鴨嘴獸是澳洲的稀有動物，是唯一卵生哺乳動物。

②譯注：要解運動方程，在開始時要把所有的運動量（如速度及其方向）及位置，以及其他必需的量都定出來。這些量就決定了這運動的性質（軌道等等）。這些最初定出的量就稱爲初始條件（initial condition）。例如：發射火箭時，要把方向對準，火箭的速度控制好。這些方向、速度及發射的地點，總稱爲這火箭的初始條件。

③編注：請參見《愛麗絲漫遊量子奇境》、《凝體 Everywhere》、《物理之美》等書，天下文化出版。

④譯注：駐波（standing wave）是看上去似乎停駐不動的波。以一根金屬棒爲例。拿鎚子敲一下，它會振動，可是如果仔細觀看，你會發現金屬棒的各處都會上下波動，可是總有固定距離的某幾處卻不動。這種駐在某地不動的波就叫做駐波。小提琴上的弦也以駐波的形式振動。

⑤原注：其實從恆星放出的光譜並不完全一樣，可是其差異可以告訴天文學家，這些恆星的運動有多快、它們有多遠。

⑥原注：光的振動頻率（也就是，光波振盪或者上下運動的快慢），決定它的顏色。高頻率產生短波長的光；如果你搖動一條繩子或者使之振動，你可以看出，快速的振動產生出短的波動出來。要產生出小而振動快的波動，需要更多的能量。光也一樣，短波長的光（快速的振動）的能量要高。在電磁波譜中，振動得最慢的「光」就在我們稱爲射頻（無線電波頻率）的範疇中；這些波可以大如山。可見光的平均波長爲兩萬分之一公分。X射線的波長則如原子大小。

⑦譯注：其實不一定要把所有的電子都趕出原子，只要所有的原子都至少失去了電子，變成帶電的離

子。

⑧譯注：自旋（spin）是一種粒子固有的角動量。轉動的物體有動量，叫做角動量，就如運動中的物體有動量一樣。在量子領域中，角動量也是量子化的。轉動的物體能停下來，因而消失了它的角動量。一九二〇年代發現粒子擁有一種固有的角動量，叫做自旋。這種角動量雖然像普通的角動量，可是不能把它消除，可以看成是「生長」在粒子身上的角動量。

⑨譯注：這句話是拉丁文的成語，natura non facit saltum，英譯爲 nature does not make jumps。這是很古老的哲理，可能源自希臘。

第八章

相對說來

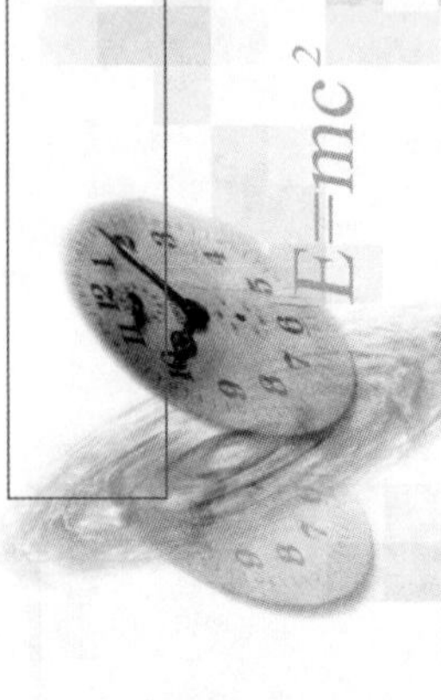

自從愛因斯坦摧毀了牛頓的絕對空間和絕對時間的觀念，並開始創建他留贈給我們的智慧遺產以來，已經幾乎一個世紀了。在這段歲月中，愛因斯坦留下的智慧遺產已經成長並包括了許多東西，其中有彎曲的時空，及一堆完全被彎曲時空造成的奇異物體：黑洞、重力波、奇異點（穿衣的及赤裸的）、蛀孔及時光機器①。不管在歷史上的哪個年代，物理學家都認爲這些全是駭人聽聞的物體。

——梭恩②，《黑洞及時間彎曲》

幾乎一開始，人們就把相對論認爲既是哲學又是物理。愛因斯坦猜測說，對它有興趣的神職人員也許會比物理學家多。也許他說這話的原因是，相對論深深觸及文化、歷史及宗教的根源：我們的世界觀非常依賴對時空的宇宙觀，而這宇宙觀又依賴人們怎樣把自己安放在萬物的系統內。

可是無論任何理由，要想去把相對論普及化與哲學化的嘗試，幾乎一直都沒有搞對方向。過濾之後，最後到達大衆心目中的相對論，就只是這句話：「所有的事都是相對的。」事實上，愛因斯坦理念的涵義和這句話的意思，幾乎正好相反。

許多人對相對論的誤認，可以推溯到至少伽利略的時代。這錯誤大致來自運動的相對性。也就是說，如果你坐在四平八穩的封閉船艙中，這艘船平滑地在河中航行，你不能分辨出你是否眞正在動，還是不動。你可以做種種實驗，丟球、搖動鐘擺、頂著腳尖試平衡感；可是這船艙內的每一物體的行爲都一樣，無論這船在動或不動。原因是，雖然對外面的世界來說，你在運動中，可是相對於船艙內部的世界，你卻不動。就如你坐在門口的台階上休息的時候，你與這個急速旋轉中的地球並沒有相對運動，因此你認爲地球和你都沒有在動。運動是相對的，因爲它依賴你的觀點。在某一座標系中的運動，在另一座標系中不見得也是運動。

例如，坐在船艙裡的你，問一位站在鄰近碼頭上的人，你是否在動。那人可能這麼回答：「你當然在動，笨蛋！難道還看不出來，你正經過碼頭旁邊嗎？」對這句話你可能作以下的回答：「我怎麼知道是我在動，而不是這碼頭在動呢？」（當然，這個碼頭「跟著」地球在運動，但這是另一個問題，在此暫不討論。）

或者碼頭上的人會這麼回答：「你和我的碼頭在做相對運動，可是如果你站在你的船艙中不動，你和你的船就沒有相對運動。」或者，那位仁兄可能聳一聳肩，說：「好吧，一切都是相對的。」

這張照片顯示出：在兩個旋轉的轉盤之間，作直線運動的球的軌跡。如果你跟著這球一起運動，就如你跟著地球一起運動，這些複雜的軌跡就會不見。因為運動狀態是依你的觀點而定，因此運動是相對的。

（Copyright 1980 by Nancy Rodger）

如果你要知道地球是否在動，而去問一位在地球外的觀測者，這問題會變成更難回答。因爲你把她的「碼頭」放在哪裡呢？你怎樣找出某個參考座標系，說她是靜止的？地球與太陽做相對運動，可是整個太陽系與星系也在做相對運動，而這星系卻與宇宙的其他部分做相對運動，而從所有的現象看來，宇宙也在動。可是宇宙是相對於什麼在運動呢？

「關於愛因斯坦理論的陳腔濫調是，它證明了所有的東西都呈相對性，」紐曼（James Newman）在〈科學和敏銳感受〉一文中寫道：「『所有的事都是相對的』這句話與『每件東西都大一點』，一樣沒有意義③……如果每一件事物都是相對的，那麼就沒有哪個東西可以和它成爲相對的對象。」

相對論的精髓在於絕對性

愛因斯坦把伽利略的相對論前後上下倒置一下，得到了被維斯可夫稱爲「絕對主義」（absolutism）的理論。愛因斯坦仔細審視了這運動中的船（他用的是一束光），深深地爲它所感動，因爲「並非」所有的東西都是相對的，而是自然律永不改變。不管你是在運動或靜止，如果你向上跳，重力一樣把你向下拉；水一樣流，鐘一樣滴答，雨點向下落，電荷互吸或互斥……這些現象都不變。「相對論創建的是所有自然律都呈絕對性，和這系統的運動無關，」維斯可夫寫道：「就是因爲它們是絕對的，因此你無法知道你是在運動中或靜止不動。」

可是，爲了要建立起這種自然律的絕對主義，人們只好放棄一些以往認爲是絕對的東西。時和空變成了相對的，但在這系統中時空不很重要，或者說，至少和其他基礎性的東西相比，時空並沒有那麼重要。

更爲重要的是，內含於牛頓定律中的物理觀念，在極高速度或極強重力的環境或其他許多情勢下就不靈了。牛頓定律不能在所有的參考座標系中都能應用，因此牛頓力學中的自然律就依賴你是否在動，你所在的系統是哪一個而定。既然自然律是依你的觀點而定，牛頓力學才是相對性的理論呀！

伽利略和牛頓其實都瞭解到運動呈相對性，可是他們堅持空間和時間都呈絕對性。愛因斯坦看出來，時間和空間呈相對性（就此而論，能量和質量亦然），不過這是其他基本常數的絕對性的外圍效應。光速正是其中一種基本常數，所有相對論中奇奇怪怪的東西都來自這個更爲古怪的事實：光速的絕對性——不管你的觀點在哪裡，你的參考座標系在哪裡，你運動與否，這個每秒三十萬公里的速度絕對不變。

「每件事都是相對的」之根源就是因爲光速和自然律都不是相對的，而是絕對的。因爲光就是電場和磁場彼此的相對運動，也正是推動自然萬物到人的認知過程的力；愛因斯坦認爲光速是絕對不變的，很顯然擊中了「絕對」體系的核心，因而開創出他的相對論宇宙。

時間的相對性

絕對的、眞實的及數學上的時間，以同樣的方式流動，和外界的一切毫無關聯。

——牛頓，《自然哲學之數學原理》

連想都不要想，幾乎每一個人都會接受牛頓的時間觀念。可是你愈去想，就愈會覺得「時間的滴答和宇宙其他的一切都無關」這個理念有問題。你能想像出的時間觀念都和一些具體的事物有密切關係，例如鐘擺的擺動、地球的軌道、石英晶體的振動、原子的量子躍遷、磁場與電場的運動、太陽的生命，等等。如果沒有這些事件，時間是什麼呢？在虛無的空間中不可能會有時間，因爲沒有可以產生滴答的東西。只有和事物有聯繫時，時間才有意義。

我們叫一年的這段時間就是地球繞日走一圈的時間；一天是地球繞自轉軸轉一次的時間。遠在人類出現之前，也許一個月眞的就是月亮繞地球轉一圈（盈虧）的時間；現今它繞地球的週期不再是一個月的原因是，月亮已逐漸遠離地球，因此它的週期慢慢在變④。

很顯然，這些天文的量度不是絕對的，因爲量不斷在變。約五億年以前，我們的一日大約只有二十小時半。如果我們能跳出地球上的觀點，想一下在其他行星上，如水星上的情況，在那裡一日的長度要比一年還長。不易掌握這觀念的原因是，我們已經很自然的把「日」看成一「年」分成三百六十五日的自然劃分法。我們忘卻了，一日和一年一樣，是個偶發的事件，不是從所謂的「絕對時間」裡劃分出來的無形無體的間隔。

其他時間的標準也沒有出於自然的起源。例如，爲什麼七日是一星期？有些人認爲來自基督教聖經《創世紀》（在第七日我們休息）。有的人把它和西方音樂的七音聯想在一起，而這七音又和畢達哥拉斯的七個經典天體聯在一起（日、月、金星、木星、水星、火星及土星），而它們又被用作球的音樂⑤。不同的文化在不同的時間採用過八日的星期、五日的星期，甚至於十進位的十日星期。

「小時」卻是相當晚近的發明。在十四世紀以前，一天都只被分爲較不規則的段落，如早晨、正午及黃昏。最初發明的小時有彈性，夏日的和冬日的不同，白天的和晚上的也不同。直到中古時代，每一日的白天（破曉到薄暮）及夜晚（薄暮到破曉）都被分爲十二等分。這就是說，夏日白天的一小時要比晚上的一小時長得多。冬日的白天一小時也相對減短了，而晚上的一小時也相對拉長了。當工業革命來到的時候，即使把小時的長度規律化也還不夠用，因爲火車要準時開，工人要在五點整來接班，因此不久鐘上面就長出了指出分鐘的指針。和許多新潮流一樣，這發明就如雨後春筍般地蔓延到各地方去。

天上一日，人間一年？

其實時間的性質依你用何方法去量度而定。氫原子的原子年約爲10^{-16}秒，相對於地球年的長度（約三千二百萬秒）來說，似乎是無限的短。（原子年是一枚電子繞著原子核「軌道轉一圈」的時間，如果我們把原子看成小型太陽系的話。）可是原子年與原子核的基本時間單位來比，又是無限長了，因爲原子核的基本時間單位又要小個千百萬倍。對於原子核中的粒子來說，那些電子看上去似乎不動，就如對我們來說恆星是固定不動的一樣。

從另一方面來說，地質時間中的一刻可能就是一千萬年，一千萬年是地球年齡的四百五十分之一。而一千年的時間更是短到地質學家根本無法分辨，幾乎完全不能測定，因此就被認爲是一眨眼的瞬間。博物學家愛詩禮寫道：「以我們的記憶之短暫，我們認爲目前的氣候是正常的⑥。就如看一本厚達一千頁的歷史書（地球時間的史頁），應當要等到讀了最後一頁的最後一句時，才能把它稱為歷史。」

宇宙中有許多不同的計時器在滴答著，滴答出大小不同的時間。放射性供應的是擺放在原子裡的鐘。自然界有某些不穩定的原子，過了一段時間後會衰變為較穩定的原子。例如一枚普通的碳原子核含有六個質子及六個中子，形成稱為碳十二的原子核。可是有一種碳的同位素碳十四，原子核含有六個質子及八個中子。在它的衰變過程中，其中的中子放出帶負電荷的電子而變成帶正電的質子。在你唸完「煉金術」這幾個字之前，這個不穩的碳原子核已經轉變為穩定的氮原子核了，有七個質子及七個中子。

而這轉變過程中最令人驚奇的事，乃是它的時間不變性。每隔五千七百年，正好一半的碳十四原子核就衰變成氮十四的原子核⑦。如果一開始你有十兆個碳十四原子，五千七百年後，你只剩下五兆個碳原子。再過五千七百年，你只剩下二點五兆個碳十四原子。

這些原子的半衰期是令人驚奇地準確，因為沒有任何原子以外的東西能影響到它們。它們絲毫不受外面環境的影響。和天文量度不同的是，它們從不改變。可是，它們提供的是一種奇怪的鐘，這種鐘只能在有很多原子時才會滴答滴答。對單一原子來說，就不靈了。這是一種基於統計機率的鐘。

當然，也有許多種不同的生物時鐘。所有的生物都需要某種計時方法才能生存，才能把它們內在的鐘和外部世界的鐘相協調，才能知道什麼時候要去冬眠，或者向南飛，或者發芽，或者蛻殼，或者長出冬季所需的毛。心臟要知道在什麼時候去泵血，肺也需要知道什麼時候得呼吸。同一身體內的不同器官需要以不同的時鐘去計時，以便與來自腦中樞的訊息一致，按時釋放化學物質。

我們認知能力的極限，甚至於決定了我們看到的外在世界是什麼：如果人們可以感覺出比二十四分之一秒還要短的時間（事實上不能），看電影時就可以看到一幅畫面和下一幅畫面之間的暗畫面；如果人們能認知更長的時間，就能「看到」植物（或小孩）的成長。

小娃一日，老人一年？

時間的快慢會變的，尤其當我們變老的時候。有些人猜測，我們感覺到時間愈來愈快的原因是，當我們變老時，每一小時及每一年占我們生命中的百分比也愈來愈小。對一歲大的小孩而言，一年是他的一生，即永恆。對十歲大的小孩來說，一年只是他生命中的百分之十。「到了他五十歲的時候，」作家墨奇寫道：「時間還要走快五倍，鐘開始颼颼地飛走，一年只是他生命中的百分之二。當他活到一百歲時，一年就只占百分之一了。他的老朋友紛紛以可怕的速率逝去，而新生的小孩像春日的花一樣萌長為成人。

不熟悉的建築如雨後春筍般跳長出來。對他說來，一整年其實所占到的意識時間，比他一歲時的四天還要少。」

計算一段時間的長短是很神祕、高度個別化的過程。開花植物怎麼知道什麼時候要開花？樹用的是什麼方法去掌握它度過的時間？我們體內的生物時鐘怎樣知道什麼時候要開始滴答計時？毫無疑問的，這些問題的答案一定基於化學反應，及其能辨識溫暖與寒冷、光及黑暗這類模式的能力。

我們離開這類問題的解答還有一段長路，例如「什麼時候」時間開始滴答的？這是因爲除非假定你已經居住在時間的座標系中，否則不可能去討論「什麼時候」，因爲「什麼時候」本身就是時間的觀念之一。從某種意義說來，去問時間出現以前的時間，就如問空間的另一邊是什麼，一樣的荒謬。奇怪的是，目前流行的宇宙起源理論，把大霹靂看成在空間中「到處」都可發生，但是只在「某一時間」才出現。時間有起點而空間卻沒有。

時間與空間

相對論倡議……物理空間和物理時間不能分離、個別存在。

——京斯爵士

可以確定的一件事是，時間和空間分不開。非但在那些相對論效應很重要的極端性領域中不能把時間和空間分開，在我們日常生活中也不能。例如，一年也是「距離」：地球繞日一圈的距離。如果這距離變長或變短（注意這些形容詞「長、短」，適用於空間也適用於時間），時間也會變長或變短。一日的長短當然也多多少少對應於繞地球一圈的距離，而一小時則是這距離的二十四分之一。鐘擺的擺動，石英晶體或原子的振動，任何可以計時的東西，總不免牽涉到在空間中運動的東西。就如擅長闡釋愛因斯坦相對論的物理學家巴涅特指出的，「眞正說來，所有時間的量度都是空間的量度，而反過來說，空間的量度也依賴時間的量度。」⑧

在日常語言中，時間和空間的聯繫緊密到了我們幾乎想都不想的程度。人們說邁阿密（美國極東南部佛羅里達州名勝城）離紐約「三小時」之遠。如果有人問你食品店有多遠，你回答「十分鐘」的機會和告以距離的機會大約一樣。坐在車上的小孩焦急地問，要等多久才能到達下一個休息站，他得到的答案往往是以英里爲單位的數字。成人知道爲什麼他不能在同一早晨出席底特律及西雅圖的會議，原因是兩地相隔的空間太大（兩城相隔約二千五百公里，除非透過視訊會議來進行）。⑨

和時間本身的相對性一樣，大家曾經有一度把時間和空間的密切關係視爲非常自然（直到工業革命時期，因爲實際需要才把這關係切開）。有一度在紐約或東京，正午指的就是日晷指在正午，即太陽在至高點的時間；這是一種空間關係的量度。你大可不必介意某一城市的幾點鐘和另一城市的幾點鐘是否相符⑩，因爲根本沒有方法去比較，不是嗎？不過乘船、搭火車或騎馬到另一城鎭需要走一段路，因此需要一段時間，那麼你怎能知道你離開的時間，相對於你終點的時間是何時呢？

當然，一旦引進以光速傳遞訊號的通訊後，例如收音機、電視、電話、數據機等，情勢就完全改變了。現在，分隔很遠的地區之間，非但能有同步走的鐘，而且極不可缺。事實上，電視廣播網的需要，推動了時間的同步化：在美國各地，六點的新聞一定要準六點播出，這就是說，在美國國內各地「六點鐘」一定要同時來到⑪。航空班機時刻表、越洋電訊會議、網絡上的聊天室……任何逼迫不同地方的人去把鐘錶同步化的事物，等於在時間和空間的間隙中又釘入了分隔的楔子。

時就是空，空就是時

頗具諷刺意味的是，以光速傳達訊息的通訊反而使時、空之間的聯繫更具戲劇性。舉例來說，一光年是光在一年中走過的距離，因此在量度星球距離上是最有用的單位。

可是很明顯的，向太空「遠處」看去，也等於說是「向過去」的時間看去。當你朝一顆五百萬光年之外的恆星觀看的時候，你看到的是有五百萬年歲月的光。遠在現代人類於地球上行走之前，這光早已離開這光源了。這光到今日才到達我們的地方，可是，可能這光的源頭早已逝去，這恆星可能已經黯淡無光。

當一位天文學家看到一枚一百億光年以外的似星體時（這距離已經很接近可觀測的空間極限），他或她看到的是似星體在一百億年前的影像（這時間也很接近可觀測的最早期時間極限）。沒有人知道這枚似星體在這一百億年中發生了什麼事。也許它早已冷卻下來，而其中有一些微塵已經凝結出擁有類似我們的地球的太陽系，在那裡的似人生物也朝一百億年以前的「我們」看過來。

當然，去問在這一百億年期間發生了什麼事，完全沒有意義。似星體上一百億年以前的時間，就是這裡的今天。通常我們用「在……的期間」這說法來表達一段時間的流動，可是在這個情形它明顯代表了空間的行程。似星體一百億年前發生的事，與地球上今天發生的事，很奇妙的具有同時性（simultaneity）。

可是，同時性的理念又是另一個被相對論摒除了絕對性、而在日常生活中仍具絕對性的東西。同時性是相對性的。

假設你想像你在太空中某處，有透明的大房間以近乎光速的速度經過你身旁。這房間的天花板正當中有燈泡，下面有人坐在一張椅上。假定這時燈泡閃爍了一下。在這房間的人看見的是，這閃爍的光同時射到這房間的四面牆。可是你看到的卻是完全不同的影像：因爲這房間以近乎光的速度向前進，因此房間後側的牆先遇上這光；你會看到這光先射到後側的牆，之後才射到前側的牆。因此，要回答兩件事情是否同時發生，也要依你的運動狀態而定。

由於我們在太空中若不是向這方向運動，就是向另一方向運動，所以發生在不同時間的事件當然一定發生在空間中不同的地方。就像以閃光燈去拍攝一位躍動中的舞者，顯示出不同時間他在空中的不同位置，這第四維的時間和深度、寬度的聯繫，就如長度和深度、寬度的聯繫一樣。

所有的這些討論引出了這個有趣的問題：「現在是什麼時候？」很顯然，除非你指明了「現在」在哪裡，否則問「什麼時候」並沒有意義。現在其實是這裡和現在的合併。你指的現在，幾乎總是以你的所在地爲準，可是對另一個別地方的人，不見得就是現在。即使你面向房間另一頭，觀看那邊的人，你看到的他們是幾個瞬間以前的他們。如果在那幾瞬間他們死去了，你要等到他們的光射到你這裡來的時候，才能知道他們已經死了。

這些把時間同空間束縛在一起的不同聯繫，僅是一些更進一步的證據，證明這宇宙中許多看似孤立的片段，在骨子裡卻是聯繫在一起的。空間和時間最直接的聯繫是光的絕對速度，因爲光是宇宙中傳達訊號最快的使者。因此這三個理念很清晰簡潔地配合在一起：如果要測量速度，你必須測量距離及時間——這就是速度的意義。可是如果要測量出相距某距離的兩個點之間的速度，你一定要查明兩地的鐘已經同步了。唯一能做到這一點的方法就是利用光，可是你仍然要把光在這兩點間旅行的時間算進去。因此你首先要去測定光的速度，等等。

如果這些討論聽起來好像在作古怪的循環式推理，這是因爲所有的聯繫都非常緊密。眞正的怪事是，再三進行實驗都證明了光速是絕對的量，無論誰去做這些實驗，或怎麼去做這些實驗，結果都一樣。不管實驗者的運動狀態或實驗裝置的運動狀態如何，不管你以高速走向光源或高速離開這光源，結果也都一樣。

同時（其實是大約一個世紀之後），數不清的實驗證實了時間和空間的量度不是絕對的，而與其他東西有關，例如運動，或者在重力場中的位置。因此相對論的理論是建立在實驗上的。事實上，最初創立這理論的部分原因是去解釋實驗的事實。有些人以爲相對論僅是一套十分奧祕的方程，只有物理學家或數學家才會對它感興趣。可是，即使不易看到它的影響，相對論也是人生現實的一部分。

狹義絕對主義

上了發條的玩具，在發條鬆下來的時候，它的重量會減輕了英文句點的十億分之一……太陽發出一秒鐘的光的時候，它損失了相當於兩艘越洋郵輪的質量。

——莫里遜夫婦，《眞理之環》

其實相對論有兩種：狹義和廣義。這話是什麼意思呢？很簡單：愛因斯坦首先是爲了解決特例而創出相對論，這特例是穩定而不變的運動，就如伽利略舉出的船隻運動的相對性例子。這最初的理論就是狹義相對論。然後，愛因斯坦把狹義相對論的理念推廣到所有的運動，特別是變速或加速運動上，例如那些受重力影響而下落的物體。這便是廣義相對論。

廣義相對論討論的是重力場、彎曲的空間及黑洞。狹義相對論討論到的是時間膨脹及$E=mc^2$。狹義相對論及廣義相對論二者都是絕對主義的理論，因爲它們都基於自然界中不變的東西，而不是基於變化的東西。當你說某事是相對的時候，你的意思通常是，它看上去的形態依你的觀點而異。但這兩個相對論的要點是，從任何觀點去看，自然界中最基礎性的眞理看來都一樣。

毫無疑問的，人們最常問到關於狹義相對論的問題是，「如果我以光速旅行，我會不會變得更年輕？」答案是不會，你不會變得更年輕。可是你的衰老過程會比另一位以較低速度運動的朋友（或孿生兄弟姐妹）的衰老過程來得慢。可是從另一方面來說，你要付出代價：你在這個過程中可能要增加些質量。

來自光的絕對速度及其他自然律的相對論性效應如下：

第一，當你以近光速旅行時，時間的流動變慢，空間收縮。你很容易可想像出爲何如此。假定你在一百萬公里之外向一光源做近光速的旅行，每秒三十萬公里。同時，來自這光源的光也以每秒三十萬公里的速度奔向你。無論你是高速朝這光源前進時去測量光速，還是靜止不動時去測量光速，如果你測量到的是同一光速，那麼很顯然在你與光源之間的空間一定會發生些奇怪的現象，要不然就是你與光源之間的時間會發生奇怪的現象，或者二者兼有。

結果是二者兼有。即使是放在噴射民航機上的鐘，在繞地球飛行一圈後（速度根本不能與光速相比），和另一個放在地球上「不動」的孿生鐘相比，這動的鐘的確走得較慢些。

第二，以近光速旅行的物體的質量，會變成更大些。這並不眞的像說出來的那麼神奇。事實上這句話的意義是，一種能量被轉換成另一種能量。

遠在愛因斯坦之前，人們已經知道一件放在高「位置」的物體有一種能量（位能），這種能量可被轉換爲其他形式的能量。當鐘擺在擺動時，位能會轉換成動能，盪到最高點時動能又被轉換成位能；擺再盪下來時，位能又被轉換成動能，等等。一顆掛在樹上的蘋果掉下時，它的位能被轉換成動能，當它擊中地面時，動能被轉換成熱能，動能也把塵埃攪得亂飛。兩枝枯木互相摩擦來引火，是一種把機械能轉換成熱能的方式。

愛因斯坦量子躍遷似的想像力，乃是他瞭解了物質本身也是一種能量的形式，可以被轉換成其他形式一定數量的能量。如果你願意的話，也可以把物質稱爲一種「凍結住」的能量。

把物質轉換成能量是每天都會遇到的現象。每一次你點火或者燒煤，你就把物質的能量轉換成熱能。如果在燃燒之前，你稱量一下所有木柴中的分子以及用來燃燒的空氣分子的重量，然後在燃燒之後再稱量一次，你會發現在火燒的過程中，這些成分的重量減低了一些。可是這些減少的重量並不成爲煙而消失了，它很精確地被轉換成能量，用的正是這個公式：$E=mc^2$，E是能量，m是質量，c是光速。

c平方是個能嚇壞人的大數字，這就解釋了爲什麼從這麼小的質量你可以得到這麼大的能量。核彈的質量很小，但可以放出大了許多的能量，這是因爲拘束在原子核中的能量要比生出火焰的化學反應更「有勁」。太陽的能量也來自核反應，每日它向太空輻射出兆噸級的光能量。

至於能量轉換成質量，大家就比較不熟悉了，可是一樣經常出現。其實每次你跑步時，你就變「重」了一點。而壓緊的彈簧要比鬆懈的彈簧重些，因爲壓緊的彈簧中含有把彈簧壓縮的能量。在巨大的粒子加速器中，被推動到百分之九十九點九九九光速的電子，其質量要比靜止時的質量大上四萬倍。因此你可以說加速器這個名字根本名不副其實，它們在加速方面的效應小，主要的工作乃是把粒子質量加大到驚人的程度。

這也能幫助我們去瞭解這個理念：爲什麼有些粒子沒有任何質量。無質量粒子都以光速行動，因此它們所有的質量都包含在運動的能量（動能）中。可是光子的動能仍舊是種質量，因此也受重力的影響。無質量的光子（或無質量的保齡球），也能被地球的重力拉下，走出拋物線的軌跡。而我們很不容易測到光子向下落，那是因爲光子走得太快了，每秒鐘可以幾乎平行於地表走三十萬公里⑫。

能量與質量的關係，就是「光速是宇宙中速度的極限」這個觀測到的事實背後的緣由。沒有任何能量或訊號能以超光速的速度傳播⑬，因爲任何東西接近光速的時候，質量就愈來愈大。質量就是慣性的度量，而慣性是抗拒運動狀態改變的阻力。因此速度愈大，運動愈強，就更難把它推動得更快，因爲它的質量也更大了。最後，這物體的質量變成無窮大，換句話說，要無窮大的力才能把它推動得更快。所以，連慣性也非絕對的：你走得愈快，慣性愈大。

所有的鐘都依照相對論的方式走

許多人把相對論和相對主義（relativism，哲學的一派）混淆的原因是，從相對論中流出的東西，的確有許多眞的是呈現相對性。從不同的觀點去看，它們都不同。如果有些人以近光速的速度經過你，他們的質量看上去似乎都變大了。可是他們自己並不會覺得很重，反而會說你很重。

恆星、行星、物體、人——任何以快速度經過你的東西都似乎變重了。這個在質量方面的增加是基於運動：速度愈高，質量的增加愈大。可是，即使如伽利略所看到的，運動具相對性，誰是在運動中或靜止中還得依你的座標系及你的觀點而定。任何能應用在質量上的定律，也能應用在能量上。如果高速運動的能量可被轉換成物質（反之亦然），那麼很明顯的是，你的能量有多少就依你有多大的運動而定。因此在這種意義上，能量也具相對性。

這種看法也能適用在時間和空間上。我們討論過，高速旅行能使你的鐘滴答得較慢，你的空間收縮。可是這些效應當然必須是相對於其他事物而言。如果你的朋友留在家中，而你則颼颼地去外星旅行，當你回到地球時可能還覺得很「年輕」，而你的朋友已經衰老死去了。但是按照你自己體中的生物時鐘，或你手腕上的手錶，或者在你太空船上的任何計時器，時間如常地流動。你看不出「時間慢下來」，因爲甚至於你的腦功能也慢下來了，你的心和肺都慢下來。即使是放射性的鐘也慢下來了。所有的鐘都依照相對論的方式走，因爲時間和空間的相對性，是時、空的特性，而不是鐘的特性。（也許我應當說，也是鐘的特性。）

結果是，你無法知道你是否變得更重，或者你的時間是否已經慢下來，或者你的空間是否收縮了，甚至於你也無法知道自己是否在運動中（就像伽利略舉例的那艘船上的乘客一樣）。你的質量正常，你的時間正常，你的空間也正常。愛因斯坦把這種觀點稱爲「固有」（proper，或「原」）觀點，使它與其他座標系的觀點有別。每一個在你觀點中的事物似乎都很適切，都很正常，而與你做相對運動的東西、人，看上去都在慢慢運動中，或被壓扁，或扭曲（這二者來自空間收縮）。這當然是一種我們在日常生活中很熟悉的現象：我們的傾向是認定自己的習性和習慣正常；唯有別人的行爲模式才似乎是扭曲的。

不管膚淺的相對主義如何，「眞正發生的事物」總是令人驚奇地具有絕對性。從不同觀點去看某物，看上去都不同，就如你靜坐看盒子，或坐在飛馳的車中看它，這盒子看上去都不同。可是盒子本身並沒有變，所有自然律也沒有變，事物之間的關係也沒有變。這就是為什麼你不知道你在動或不動，或者你的鐘慢下來與否。

我最喜愛的相對論裡的絕對主義例子，出乎意料地來自生物領域。「通常我們對一隻寵物鼠或沙鼠感到憐憫，因為它最多活上一或二年，」古爾德這麼寫道：

我們的壽命近乎一世紀，而牠的生命卻這麼短暫。可是這種憐憫似乎是多餘的……牠們的生命長度與牠們生活的步伐成比例，按各自的生物時間來說，所有的生物都似乎活得一樣長。小的哺乳類滴答較快，耗體力快，因此活的時間短；大的哺乳類活得長，生命的步履莊嚴而緩慢……所有的哺乳類，無論大小，在一生中大約都呼吸兩億次（心跳則約八億次）……以各自的心跳或呼吸的生理時鐘來計時，所有的哺乳類都活得一樣長。⑭

從我們有限的視野向外望，即使實際上東西非常相同，可能看起來卻大不相同。相對論的方程給了我們一種語言（或者，更好的用字是字典），可以讓我們把這座標系中看到的東西翻譯到另一座標系中去。

廣義絕對主義

只有對局外的觀測者來說，重力才存在。對局內的觀測者，它並不存在。

——愛因斯坦及殷菲德，《物理之演化》

廣義相對論把上述這句話的理念，從四平八穩的運動（例如夜晚裡，靜寂地互相通過的光束），延展到改變中或在加速中的運動。物理學家用加速（accelerate）這字來描述任何運動狀態的改變，而不單是形容運動得更快，還包括更慢、停下，或改變方向。宇宙中最常遇到的加速運動，都與重力有關。下落的物體，愈向下落就愈快，繞日的行星也在加速中（這裡加速的意義是它們不斷在改變方向）。這兩種相對性就是愛因斯坦一生中想要把所有的力都統一起來的嘗試之一：狹義相對論的基礎是電與磁力、或光的相對運動。廣義相對論則把當時所知的最後一種力——重力，帶入了這家庭的畜欄中。

和狹義相對論一樣，廣義相對論來自那些你無法知道、無法造出差異的東西。在狹義相對論中，你無法知道你是否以穩定的速度運動，或者在靜止中。在廣義相對論中，你無法知道你是在加速中，或者仍然身處在重力場內。兩種情勢完全相等，這就是愛因斯坦稱爲「等效原理」（equivalence principle）的東西。

設想（就如愛因斯坦設想過的）你在升降梯上，不幸拉纜斷了：突然你就在沒有重力的情勢中。把球放離手，它在你的面前浮著；把臂伸平，它們都浮在你的兩邊。你在自由下落中，和太空中無重力的環境完全一樣。只要你跟著重力的加速度走，重力就似乎不見了，就如當你「跟著電子走」，磁力就完全消失了一樣。在這個自由下落的情形中，是否有任何方法可以找出你是在零重力的環境，還是你跟著重力加速度走？沒有辦法。

現在再設想你在太空船裡，突然這船加速，愈走愈快。你把球放開，這太空船的地板很快就趕上它了。這球不再浮著，而是下落。你能不能做任何實驗來測出，你是否眞是在一艘加速中的太空船裡，還是安然坐在地球上的火箭發射台上，受到了地球重力的影響？仍然不能。

廣義相對論解決了這個慣性及質量之謎（其實也是受這謎的啓迪）。爲什麼保齡球和乒乓球在眞空中都以同一速率下落？因爲如果它們在一艘加速的太空船裡下落，太空船的地板會同時趕上它們。不論是重力或加速，這兩件物體都會同時「落地」。如果你住在如地球一般大、在加速中的太空船內，你可能會認爲周邊的東西都被「重力」吸在地板上。可是對一位外面的觀測者來說，他可能看到，東西都被吸在地板上的眞正原因是因爲地板向它們加速奔過去。按照廣義相對論，重力的力是相對的。

當愛因斯坦第一次瞭解到這奧祕的時候，他理所當然地狂喜不已。他這麼寫道：

這時候，我一生中最快樂的思考就以下列的形式到達了我的腦海中：就如電場能被電磁感應產生出一樣，重力場同樣也只是一種相對性的存在。因爲如果我們考量一位在自由下落中的觀測者，例如從房頂向下落，在他下落的那一段時間，他不會感覺到有重力……因爲如果觀測者放開一些東西，這些東西都會留在他的身邊不動，或者做等速運動，而這與它們的化學或物理性質無關。（在作這種考量時，當然一定要忽略空氣阻力。）觀測者因此有理由認爲自己的運動狀態是靜止的。

人們對某些廣義相對論的觀點很難感到習慣，而這種困難還不限於一般人。維斯可夫對這種感覺作如下的解釋：「就像農夫去問工程師，火車的蒸汽機如何運轉。工程師向農夫解釋蒸汽在引擎中從某處到某處，如何如何。講完後，農夫說：『這些我都瞭解，可是拉火車的馬在哪裡？』這就是我對廣義相對論的感覺。我知道所有的細節，我知道蒸汽的來龍去脈，可是我還不能確定馬在哪裡。」

等效原理本身並不難習慣。當太空人在太空船中加速或在奔月火箭中加速時，他們以若干G去測量加速的力——G就是一單位的地球重力加速度，兩個G等於兩倍的地球重力加速度，等等。憧憬中的永久載人太空站裡，總是以另一種加速度——離心力，來替代重力。那依賴極大的轉輪在空中旋轉，把所有的人、房間，及所有一切東西都像綁了繩子的石頭一樣地繞轉。如果「地」是在這個大轉輪的外牆內側，那麼離心力就完全和重力一樣了。

奇怪的是，牛頓用了離心力的例子去證明加速運動是絕對的，而非相對的。他說，雖

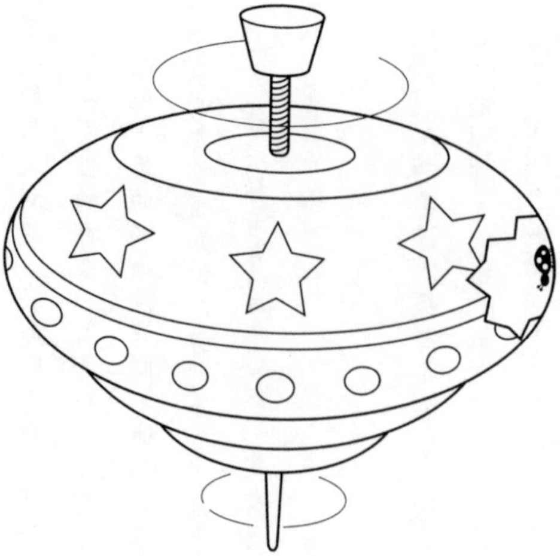

轉輪裡的螞蟻感覺到一股像重力的力，把牠向下拉——向下就是朝外；對螞蟻來說，向上則是朝向轉輪的中心。

然等速運動明顯地呈相對性（伽利略方式的相對論），加速運動卻完全不同。如果你把一桶水旋轉，離心力會使桶邊的水升高，就如地球的自轉把赤道部分向外隆起一樣。這個隆起就是東西在動而非靜止的明顯證據。

可是在一九〇〇年前後，馬赫指出，如果你讓整個宇宙旋轉，而這水桶不旋轉，結果也一樣，因此你仍然不知道你是在靜止中還是在加速中。

要設想如重力這種力會具有相對性，當然是件古怪的事。當你推動某物使它運動（如丟球），似乎就沒有相對性。可是，如果我們考量這點：力的量度就是它產生出的運動；以大的力去推某物，它就會比用小的力去推，更能走遠（可能還要走得快些）。而如果運動是相對性的，而且運動來自力，那麼發現力也有相對性，就不應當令人感到奇怪了。

重力是時空的曲率

廣義相對論不把重力看成一種力，而是看成時空本身的曲率——在宇宙中被重物產生出的、不可見的凹洞。恆星、行星、甚至於極強烈的能量集結（$E=mc^2$）都能把時空扭曲。經過這些凹洞附近的物體都會感受到無法抗拒的吸力，經常「下落」於其內，就如一輛車的輪胎陷入街上的凹洞一樣。

在極端的情形下，這個凹洞可能變成所有接近它的物體的單行道，有進無出。例如當空間把自己彎曲到沒有任何東西（包括光）能離開的程度時，就形成了黑洞。黑洞，還有蛀孔及其他理論上的奇異物體，都來自愛因斯坦的結論，說重力是相對的；它不是一種強迫物體下落的力，而是一種空間的性質。東西向下落的原因是，這些徑跡才是具有曲率的四維空間連續體（即時空）中的正常「直線」路跡。

彎曲的空間還不只是另一種描述重力的看法，它的確給出不同的結論，這些結論都已經在實驗中證實了。雖然在人的尺度，人眼看不出彎曲空間，但它對於來自遠處的星光及星系的光，扭曲效應都非常明確。在某些情形下，極大物質的集結可創造出重力「透鏡」，產生出類似萬花筒中的多重星系影像。⑫

梭恩教授說自己終生都在探索「愛因斯坦留贈的驚人智慧遺產」的後果，對於這些物理學家來說，彎曲空間並不比其他物理學家研究的恆星、粒子等更難去設想。他指出，畢竟「你也不能用肉眼看到原子，你也不能用肉眼看到空氣。」

但是對我們這些外行人來說，彎曲空間仍然具有令人難以釋懷的弔詭性。畢竟我們要問，什麼是「平直」的空間？兩點之間最短的距離線是直線，那平直的空間是什麼意思呢？大部分時候我們說「最短距離」時，是以視線或者光束走的線爲憑的。可是我們的前提是光走直線。如果光束走了曲線，那是不是說，光束在彎曲空間中走了直線？或者說，它在平直空間中走了曲線？甚至於有些情形，兩點之間的最短距離是「按你的錶來計算，需要最長的時間才能抵達的路線」，這是因爲當你走得快時，你的時間會「慢」了下來！

總而言之，相對論並不是說每一件事都是相對的。相對論說的是外貌看起來相對的事——你已經知道這一點了。一點不奇怪，當你從不同觀點去看東西的時候，你認知到的形象就會改變。這種事天天發生。奇怪的是，你居然有辦法從這麼多的不同觀點去觀看，還能得到同樣的結論。一旦你發現了哪些東西是絕對不變的時候，你就學到了哪些東西只是表象而已。

【注釋】

①譯注：黑洞（black hole）是理論上呈圓形的物體，其重力強到如果一件物體要離開它的表面，它的速度必須是光速。按狹義相對論，這是不可能的。而如果從黑洞表面上射出光，這光子離開後，由於重力場，會失去所有的能量變成不可見。因此黑洞是漆黑的。如果太陽變成黑洞，其半徑就只有三公里。如果一件物體在進行週期運動，它能放出重力波（gravitational wave）。這波已在脈衝星（pulsar）雙星系統中發現。奇異點（singularity）是所有量都變成無窮大的點。一般物理學家認爲宇宙以奇異點的形式創生。如果奇異點中加上其他物理，就稱爲「穿衣」的，如果只有重力，則稱爲「赤裸」的。蛀孔（wormhole）是理論上的物體，把

黑洞在時空中以數學方法合併在一起，就成為蛀孔。蛀孔能把很遠的時空聯接起來，從蛀孔的一端到另一端只要很短的時間，因此理論上可用來作超光速的行動。目前引用最多的是科幻小說，以資克服光速的限制。時光機器（time machine）是可以到過去及未來的假想機器，用的原理是帖帕勒圓柱，可是有理論上的問題。關於這些奇異物體，請見 *Time：a Traveler's Guide* 一書（中文版由丘宏義翻譯，天下文化二〇〇一年出版）。

②譯注：梭恩（Kip Thorne），加州理工學院相對論物理學家，著有《黑洞及時間彎曲：愛因斯坦留贈的驚人智慧遺產》（*Black Holes and Time Warps：Einstein's Outrageous Legacy*）。

③譯注：一位電台的脱口秀主持人把這個邏輯的無理性，做為他結束秀時的幽默話：「這裡所有的男人都力強蓋世，所有的女人都美不勝言，而所有的小孩都要比他們的平均還更優秀。」

④譯注：這裡作者說的是什麼不太清楚，因為月亮的週期慢下來後，以月亮週期定出來的月的長度會逐漸增加。可是即使在現在，太陰月也還要比日曆的月來得短，但日曆的月的長度是人為把時間分割的方法，不代表天文上的任何意義。

⑤譯注：指的是托勒密的行星理論，所有的行星都在同心圓球上繞地球轉。

⑥譯注：在終年被冰所蓋的冰島上，每年下的雪堆在舊的雪上，一層又一層的積壓下去，成為歷史上天氣的紀錄。從鑽出的冰心來分析，可以知道以往的氣候史（溫度、雨量、火山爆發等），可以推溯到數百萬年甚至數千萬年之前的氣候。從這些分析中，發現了最近三千年中，世界上的氣候最溫和。以往的氣候，有冰河時代，有溫室效應，有全球都很暖的時代。可是在任何時代，一年中的冷熱都要比現在極端許多。

⑦譯注：原子衰變到只剩下一半的時間，就稱為半衰期（half-life）。

⑧譯注：惠勒（John Archibald Wheeler, 1911-，與波耳創原子核裂變的液滴模型及發明黑洞這名詞的人）

把相對論中測量空間距離及時間的直尺及鐘合併成一起，利用光速的不變性，只要利用時間的量度就可以測量距離。

⑨譯注：有些文化不把時間和空間分開。美國亞利桑納州北部的荷皮印第安族（Hopi Indians）的語言就是如此。問某地有多遠，答案不是距離而是多少日。

⑩譯注：一直到十九世紀初，美國各城市都有自己的「時間」，把正午定在太陽在至高點的時候。火車交通發達後，發現各自爲政的方式很不方便，因此把美國分爲四個時區，在每一時區中的時間完全相同，每一時區和鄰近時區的時間相差一小時。這樣才把各地各自爲政的時間統一起來。中國大陸和美國大小近似，可是只有一個時區，以中原爲準。因此新疆的人早餐的時間要比在北京的人遲約三小時。

⑪譯注：還不只是這個理由。電視台的訊號都以原子鐘來同步，精確度比一兆分之一秒還要高，原因是：要這麼高的精確度，換台時畫面才不會跳動。

⑫譯注：可是經過星球附近的光會被彎曲。一九一八年艾丁頓爵士在日全食的時候，拍攝了太陽邊上的恆星相片。六個月後再去拍攝，發現星光的路跡被太陽的質量彎曲了一點。在一九八〇年代，也發現遠處來的某些似星體的形象能被星系的重力所彎曲，形成一種叫做重力透鏡（gravitational lensing）的現象。最壯觀的是一枚似星體被一星系的重力透鏡變成四個十字形的像，這像的中央就是產生重力透鏡的星系。人們把這個奇景稱爲愛因斯坦十字（Einstein Cross）。

⑬譯注：最近在普林斯頓民營的NEC實驗室中，以華裔科學家王力軍帶頭的實驗組發現光能以超光速來傳播。其原理如下：光在介質中的速度是真空光速被介質的折射常數除。一般材料的折射常數比一大（玻璃爲一點四至一點八，鑽石二點二，水一點三三），因此在介質中光的傳播

速度要比眞空的光速小。可是在這實驗中用了稀薄的鉋電漿（電漿是什麼，請見第七章），用雷射把它激發到高能態，其折射係數會小於一，而且這種折射是在所謂的異常色散區（anomalous dispersion，即折射係數隨波長而增，普通的折射係數是隨波長而減），因此一股脈衝光便能以比光速較高的速度行進。但是這些科學家強調，他們的發現並沒有和愛因斯坦的光速為宇宙中速度極限的原理衝突，因為這種脈衝的光不能攜帶任何訊號。這種現象在一九二〇年代量子力學剛發展時已經預測到，即能有比光速大的所謂相速度（phase velocity）。在波束中的小波能以超光速行進，可是不能攜帶任何訊號。如果訊號眞的能以超光速傳播，因果律就不存在，人們就可以時間旅行到過去，因而會造成許多的矛盾。例如，如果你能時間旅行到過去，你能在你父母生你以前就把他們二人殺了。那麼，誰生你出來，讓你時間旅行回到過去把他們殺死呢？詳情請見注釋①中提到的 *Time: a Traveler's Guide* 一書。

⑭原注：當然有例外——最顯著的是人。人似乎有一種奇特的永久不成熟性，因此與其他和人類大小相彷的哺乳類動物來比較，人的生命似乎要長些……而且活得愈來愈長。

第三部 線與結

大多數情形，那些在星系圖片中看到的美麗螺旋，都不是星球所在地的模樣……這些從星系盤流出來的螺旋模樣，只不過是不斷再生的力所造成的、最易看見的表徵而已。

——施莫林（Lee Smolin），《宇宙的生命》

第九章

波和四濺的水花

心靈是什麼？那些有意識的原子是什麼？上星期的馬鈴薯！這就是我們如何能記得一年前我心中在想些什麼的方式。但是心靈的物質組成，早就已經新陳代謝過了。

當我們發現，多久時間後，大腦內的原子都要被其他原子替換掉，這意義就很明顯了：我們稱爲個性的東西，其實只是一種模式或舞蹈。原子來到我的腦中，舞蹈又舞蹈，然後離去。總是有新的原子進來，總是同樣的舞蹈，都能記得昨天的舞蹈是什麼。

——費曼

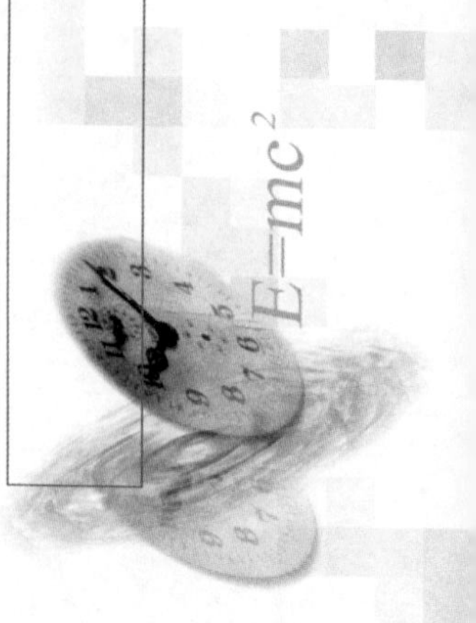

費曼的話表達了物質世界可能傳達給我們的最古怪啓示：「舞蹈」要比原子更具眞

實性，物質世界的「抽象」模式要比你能觸到或感覺到的東西更具體。使物質和力成型及具永久性的，大都是那些無法觸摸、不斷重複的旋律；詠唱這些旋律的是永遠在更換成員的合唱團。原子來，原子去，可是記憶能一輩子都在。重力定律把恆星及行星吸成圓球形，無論它們的組成爲何。量子力學使黃金爲黃金，無論它在什麼地方，無論過去在哪裡。

物理學家從模式（pattern）中去尋覓潛藏的力；父母、心理學家、經濟學家亦然，有時政界人物也如此。但常犯的錯誤是，在尋求似乎呈具體性的個別例子時，經常把模式認爲是沒有實質的東西。其實，模式比岩石或原子或黑洞更眞實。模式就是我們。

按照傳統科學觀，人體內的原子每隔七年全部都要被替換掉。如果你的「自我」就是組成你的原子，那麼每隔七年你就變成另一個人了。從今天到明天你就不完全是同一個人，甚至於從這一瞬間到下一瞬間，你也變了個人。

很顯然，我們不以組成人的原子來替人下定義。「如果辛普森①的案子因上訴又上訴而拖上七年後，他就可以據這個理來要求判他無罪：『呀，你們花了這麼多時間來判我有罪，可是我已經不是同一個人了。』當然這是荒謬的答辯，」史丹福大學專門研究自我的哲學家培利（John Perry）這麼說道：「我們要審判的不是原子，而是人。」

或者考量一些較具體的物體，如一張椅子。費曼這麼寫道：

哲學家經常這麼說：「好吧，以一張椅子爲例。」他們一這樣說，你就知道他們連自己都不知道在說什麼。什麼「是」一張椅子呢？好吧，一張椅子是放在那裡的某物。某物？什麼某物？組成它的原子不斷地蒸發出去；不是很多，可是總有幾個。而塵埃不斷落在椅上，溶合在漆中；因此如果要替一張椅子下精確的定義的話，就要明確說出哪些原子是組成椅子的，哪些原子是空氣的，哪些原子是塵埃的，哪些原子是塗在椅子上的。而這些都不可能做到。

渦流、漩渦及雨點都是水分子的模式，幾乎靠水分子本身就能獨自存在（由哪些水分子組成都無關緊要），水在這些模式中流動②。虹僅是從水滴中折射出的光的模式而已，那是可以讓每個人看到的、從不同水滴折射出來的不同的光。每一個人都以自己的觀點去觀看一道虹；每次看到的都是一樣的彩色弓形模式，因而把人們唬住了，認爲它是具體的「東西」。

水分子之所以有這些性質，是來自構成它的氫原子和氧原子的模式。使得水成爲生命之源（造成血液、汗及眼淚的東西）的品質，都來自氫、氧原子的搭配。同樣的搭配也在每一片雪花及每一個肥皀泡中反映出來。

即使充滿了恆星的星系也是一種抽象體，意思是說，在旋臂上的恆星不斷換新。由恆星形成的旋臂，甚至還以不同於恆星的速度在星系中旋轉。太陽目前正好在旋臂之間，可是有一度它也曾在旋臂之內，而如果太陽活得夠長的話，有一天它也很可能會移居到內部的旋臂去。那裡是中年恆星之家。

抽象體似乎帶有一種魔魅性，因為它們可以單獨存在，不需要物質；同時也因為它們能做出物質本身做不出的事。就好比家庭的特色及傳統能延續下去，遠超過一名成員的壽命。

模式萬能

所有自然律其實都是觀測到的模式，那是物件與事件之間的關係。它們有極大的威權，因為它們允許無限的種類出現，可是又具有令人驚訝的規律。所有的人，就如植物和所有的樹一樣，都是從同一模式中砌出來的，可是同時又表現出範圍非常廣闊的個別差異形態。我們都類似，可是又都不同。

科學家經常把這些模式或「定律」寫成數學公式，因而使人們得以探測遠離人類經驗以外的領域。模式和人不一樣，能安全去到極端的地方。模式可以告訴你，如果你把錢放在銀行中一百年後，會怎樣；或者告訴你，一百萬年前地球上的生命是怎樣的。模式能朝外推演過去，也能內插推算。它能告訴你在原子對撞中，內部發生了什麼事，也能告訴你，在無窮大的重力下，例如在黑洞中，物質像什麼。

對人類的生存來說，認知這些模式是非常重要的事，因此我們經常看到「並不眞的在那裡」的模式，譬如「在雲中」、「在天花板的裂痕中」、「在月亮上的老人」。實際上，這些模式很具主觀性。在中國，月亮上的這類模式是「兔子」。而我們叫做北斗七星的，在英國則被解釋爲耕犁。

可是不論怎麼說，幾乎所有看到模式的人都把這些模式加總起來，成爲更廣大的現實。醫生去找出疾病症狀的模式，記者去訪查他們稱爲社會趨勢的模式，投資者看市場趨向的模式，而科學家則去尋覓他們叫做自然律的模式。

波，眞不是東西

在自然界中特別持續不斷的模式是我們稱爲波的事物。什麼是波？波一定是某種振盪，可是你也可以有振動而沒有波。例如在太空中，把鈴擊了一下會振動，可是並沒有產生波，因爲在太空中沒有空氣來傳播聲波。正常情形下，任何一種物體的鏘鏘或擾動，都能送出有遠大影響的波。相對來說，四濺的水花則是曇花一現的事件。愛得色車③濺出曇花一現的水花，可是貓王和愛因斯坦的影響卻有如波的廣大。

波和四濺的水花的區別是，波可能比自己還要大。波可與產生它的擾動源分手，能載著資訊離開到很遠的地方去。波能繞著角落走，能走過物體，有時能把載人的船翻覆，甚至於把整個國土都淹沒。一旦離開波源而自由行動時，波的強度和任何事件無關，可是自有人們期望不到的威力。它能與其他的波起作用，起了作用後還能成長到令人恐怖的程度（或者有時完全消失）。

波能做到這些壯舉，因爲它的成分不是「東西」，它是資訊的運動。例如流行時尚的波動開始時，可能只是四濺的水花。可是一旦傳播了以後，這波潮可以單獨行動，不依賴被捲入這波潮的人。人只是傳送這種波的媒介。這波本身的組成是一種模式：人們一時興起而對某時尚有心血來潮的狂熱，及後來又失去興趣的過程。人們仍在那裡，只是這波蔓延開來。同樣的，思想及感覺的波動是以電流的方式被神經傳播過你整個身體。可是神經並沒有動，還在它們原來的地方。

事實上，大多數的波很快就死去了。只有當能量不斷注入時，例如人們對這波流行時尚感到興趣，風在大洋中作浪，新的電源不斷沿著神經刺激，就像電話纜線中途的許多增音器一樣，波才能繼續走下去，甚至還能把它的強度增大。

有些四濺的水花能產生出不只一個波。當你把一塊石頭投向水中時，在水附近的空氣也被推動。就如在長彈簧玩具上送出的波一樣④，或者像交通阻塞時一輛車輕碰了前面一輛，於是就送出去不斷輕碰的波。（可能還送出火氣！）

被推動的空氣到達你耳朵，你聽到以後就成爲聲音。上下起伏的水波在水中傳播，偶爾把所有浮在水上的小棍、樹葉、鴨或小舟也上下起伏。這些小棍和小舟並不跟著波到對岸去，就如水粒子也不跟著波過去一樣。這波在水中傳播過去，就像謠言在群衆中傳播。

換句話說，造成波的不是動的東西，而是運動中的資訊。光波及聲波載送聲音、文字及圖像走。大洋的波載送來自海洋遠處暴風的訊息，海嘯的潮浪載送地球某處地震的訊息。

在骨牌連鎖反應中⑤，第一片倒下的骨牌就把它的倒下傳播出去，直到最後一片骨牌倒下爲止，可是骨牌並不移動位置。在骨牌行列中傳播的是骨牌「姿態」的變化：從站著的變成倒下。移動的不是骨牌，而是一種情勢、一種事態。

這就是爲什麼波能互相干涉，可是還能保存自己特性的原因。兩組波能進行相長干涉（constructive interference），即波峰遇上波峰，波谷遇上波谷，因此這兩組波的效應可相加在一起。可是當兩組波進行相消干涉（destructive interference）時，一波的波峰和另一波的波谷相遇，兩波的運動相消，結果是沒有波了。

干涉模式無處不在

當兩件東西加起來變成沒有的時候，可以很確定的說，這兩件東西都是波。兩座房屋或兩枚小石子不能加成沒有房子或沒有石子。幾世紀以來人們認爲，兩束光波能互相干涉因而顯出暗條紋這個事實，就是很穩固的證據說光一定是波。直到愛因斯坦來到，把牛頓認爲光也有粒子的性質這個信念，以童話式的一吻而使它復甦。二十來年後，人們發現所有的粒子，電子、質子、中子等等，都具有干涉的現象。如果光波具有粒子的性質，那麼可以說粒子也具有波的性質。

只要這類模式以同一頻率出現，它們總是能產生相長干涉或相消干涉。就好像兩個人以同樣的每秒十步的步伐向前走，如果一開始時他們齊步走，他們就一直齊步下去；可是如果一開始的時候就不齊步，那麼就一直不齊步下去。

然而事情通常沒這麼單純。常見的是，兩個緊密相關的模式傾向於某部分齊步、某部分不齊步，因此在某處它們相長干涉，而在另外的某處卻是相消干涉。音響的期間和靜寂的期間交替出現，結果是聽得出來的差頻或拍效應，可以在音調只相差一點點的兩個樂器發出的樂音中聽到。同樣的干涉現象也能在肥皂泡上、水面的薄油層，及蝴蝶的翅上看到。⑥

干涉現象這個大模式，來自兩個其他模式的疊加，因此它是極好的放大鏡。雷射的干涉可用來測地（甚至於用來測量月亮的距離），而X射線的干涉則用來研究晶體的構造。從百億光年以外奔來的似星體電波，已經被地球科學家利用來量度大陸漂移的極小運動（大約每年數公分）。大多數的新型天文望遠鏡（甚至於舊型的）也都裝上了干涉儀，以便把兩個不同的接收器截來的光波合併在一起，形成更清晰、更雄偉的影像。

有些物理學家甚至於把原子的量子態描述爲粒子波的干涉模式。換句話說，當粒子（是否可以稱爲「粒子波」呢？）進行相長干涉時，它就產生出一種穩態。因爲自然界中所有的粒子都和波的模式有關，所有原子及原子組成的分子也都是這類模式的模式。或許物理學家羅伯・歐本海默說起電子干涉可產生許多「新奇的效應」時，他的思路似乎也很類似。他說：「這些干涉……導致磁石的永久磁性，導致有機化學中的化學鍵，導致任何我們能想像得到的生命物質、生命本身的全然存在。」

可是，電子是波的事實並不能摒除它也是類似點的粒子。所有的實驗都證明它如此⑦。物質波不是分布波——即分布各處的波，如光波。我們最好把它稱爲機率波，這種波繪出粒子在某時某地的機率。就像倒骨牌中行進的波，或者麥田裡被風吹起的麥浪，在這類波動中分布的不是物質，而是一種態，或情況，它是搭載了資訊的波。這和四十年前京斯爵士觀測到的相符，即電子波在實質上是「知識之波」。這種波繪出的是粒子最可能出現的地方（如果我們想要去測量的話）。

當這些波互相不干涉時（甚至於在干涉後），大多數的波都互相穿過，就如鬼魅或幽靈一樣。音波、光波、航行的船隻發出的船頭波等，都不斷互相穿過、干涉。可是很奇怪的是，當它們到達目的地的時候，似乎都沒有變過，仍舊完整；如果它們不完整，或變了，視聽的影像就會糾纏在一起，成爲不可穿透、糾纏在一起的白雜訊⑧。

愛麗絲漫遊兔洞的奧祕

當然不是所有的波都由四濺的水花開始的。海灘上的起伏沙丘、雪地上起伏的雪堆，甚至於旗幟飄飄的浪形、麥田的麥浪，都是被風吹出來的。電場「退潮」時造出流動的磁場，這磁場「退潮」時，又造出另一個電場，如此這般，就形成了光。月亮的重力場推動了許多大洋的波，因而形成潮汐。這些波的形態和行星、肥皀泡、龍捲風、六角雪花的外形一樣，都是由少數幾種力及運動造成的。而如果有些模式似乎重複出現，原因就是形成它們的力是自然界裡的主流。

的確，有一種很特別的波——正弦波，到處都很容易見到。擺的運動，這種很基本的運動，形態就是正弦波。而這也是卡羅構思《愛麗絲漫遊奇境》中的兔洞運輸方法的基礎⑨。運用方法如下：

假如你跳進去穿過地球中心的兔洞，你會被重力向地球中心拉去，直到（在中心時）你的速度達到每秒五英里的最高速度。經過中心點後，重力會把你減速（因爲地球大部分的質量都在你後面），可是你的動量會使你繼續前進，直到你到達了地球的另一端，例如澳大利亞。如果你忘了抵達雪梨時要爬出洞的話，就會被重力拉回到你出發的原點。你能像人擺一樣，來來去去的從地球的一端擺到另一端，直到摩擦力把你減慢下來。

這個運輸系統的妙處是，任何兔洞式經過地球內部的旅程，時間都是一樣的長短：準四十二分鐘。當你跳入這一萬三千公里長的兔洞到雪梨，或者六千四百公里長的兔洞到捷克的布拉格，或者三千二百公里長的兔洞到佛羅里達州的邁阿密海灘，時間都是一樣，準四十二分鐘後到達。你去邁阿密的旅程速度沒有那麼快，因爲重力加速度沒有那麼大；可是你要走的距離也小些。

這也解釋了爲什麼（在某個限度內）鐘擺的擺動時間都是一樣的，即使它擺動的幅度變小。離中心遠，把鐘擺向中心拉去的力也大；因此距離愈大，力也愈大，可是大的力和大距離的效應互相抵消，所以最後說來，一切都均衡。

正弦波是這種運動的圖形。當一枚石子落在水中時，它產生了具有類似性質的搖動——送出水波及聲波（還沒提到光波呢），所有的形態都是正弦波。

模式是力的圖形

波只是自然界塑造的少數幾種力及運動的基本模式之一。在這方面，重力有特別大的威力。一旦牛頓理解了行星軌道是由重力塑造成的之後，「一大堆其他東西都變成很明白了，」費曼這麼說道：「地球是圓球的原因，就是東西都被重力往內部拉去，而爲什麼它不是正圓球，原因是外部被（離心力）向外拉了一點，二者均衡。至於爲什麼太陽和月亮都是圓球形，道理也相同。」

恆星和行星都是圓球形的，因爲重力把物體朝其他物體拉去——地球上的人以自我爲中心，把它稱爲「下面」。

而彎曲空間的形狀，只是所有物體受重力之影響「下落」的模式，就如鐵粉在磁石的影響下形成某種模式一樣。從某意義說來，定出這些力的公式可以說是行爲模式的數學措詞。

椅子和黑洞，原子和螞蟻，六角形的蜂巢和人骨，所有這些東西的形態都來自去適應自然界的拉力。湯普生（D'Arcy Thompson）在他的名著《論生長與形態》中說，任何物體本質上只是「力的圖」而已。

模式似乎是短暫的，和蜉蝣一樣的朝生暮死，可是最終說來它們還是物體的本質。

它們是物質的波動，在命運和流行時尚的四濺水花都已經沈寂下來的時候，它們還戀棧徘徊，久久不去。

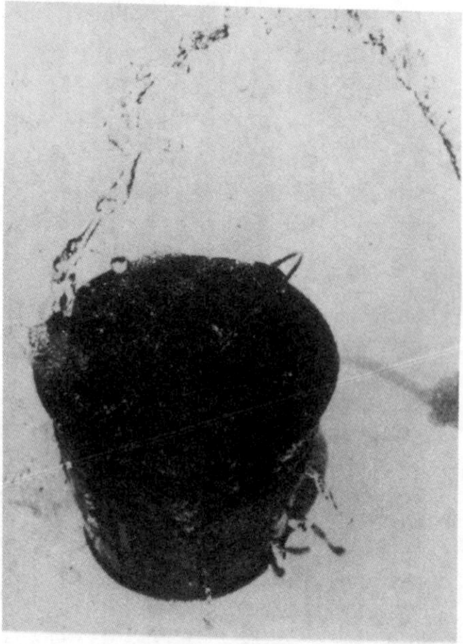

水落下時的拋物線路徑，是重力的拉力造成的。

（Copyright 1980 by Nancy Rodger）

【注釋】

①譯注：辛普森（O. J. Simpson）是美國美式足球健將（黑人），娶一白人爲妻，後來分居。一九九〇年代某日，辛普森的妻子和一位餐館侍者同在她家中被人用刀刺殺；那位侍者是要把她遺忘在餐館的太陽眼鏡拿還給她，而到她家中的。有人看見在這件謀殺案發生的時候，辛普森在她家附近徘徊。警察並發現有許多他涉案的蛛絲馬跡，可是因爲辦案的警探是種族主義者，正在寫一本詆毀黑人民族的書，加上辦案處理證據的人員馬虎，使得陪審團認爲這些蛛絲馬跡的證據有問題，因而判決辛普森無罪。可是被害家屬在民事法庭中控告辛普森，卻告贏，得到所有家產的賠償。這件事成爲一九九〇年代中極爲轟動的頭條社會新聞。

②原注：司蒂芬（Peter S. Steven）寫了一本極美好的關於這主題的書：《自然界中的模式》（*Patterns in Nature*）。

③譯注：一九六〇年時代，福特汽車公司推出一型汽車，叫做愛得色（Edsel）型，可是此車是抄襲其他型車的，並無特色，因此沒幾年這型車就告壽終正寢了。

④譯注：長彈簧玩具（slinky）是壓縮得很緊、相當軟的長彈簧玩具。把它拉長後，如果在一端稍加擾動，可以看見波從一端到另一端再反射回來，直到能量消耗完爲止。如果直放在樓梯台階上，用手撥後，彈簧還會自己下樓梯。

⑤譯注：把骨牌一片一片堆疊好後，把第一片推倒，其他的骨牌會一一倒下，叫做骨牌效應，用來作爲大勢已去、垮台或連鎖反應的隱喻，如中國所說的兵敗如山倒。

⑥譯注：這些交替出現的相長干涉及相消干涉，原因是能量不滅定律。如果兩個波能完全消掉，那麼它們的能量到哪裡去了？因此在某地方，波被相消干涉消掉，其能量就跑到相長干涉的地方去。

關於樂器的干涉，如果有一台鋼琴，就可以做以下的示範。鋼琴上的C鍵發出的基音頻率爲261.62（以A爲440爲準），F鍵的頻率是349.23。C鍵的第四諧音頻率爲1046.48，而F鍵的第三諧音爲1047.7，二者相差1.22，因此把C鍵和F鍵同時按下去，可以聽到這二鍵發出的音的第三諧音及第四諧音的拍或差頻，爲1.22。因爲不是基音的干涉，所以要仔細聽才能聽出來。你可以聽到每秒1.22次的嗡──嗡──嗡──嗡的差頻拍子。又，如果讀者好奇，樂階是怎樣定出來的，定法如下：八度音的頻率相差爲兩倍。每一半音之間的差爲1.059463054倍，這數字是二的十二次開方。十二這數字來自樂階中，如果加上半音，共有十二音。國際樂音的頻率標準是：中間A音的頻率是440。肥皂泡很薄，比光波大不了多少，因此照上去的白光因爲干涉現象，不同顏色的光能相消干涉或相長干涉，相長的地方就看到那個顏色，相消的地方就看到它的補色。水上的薄油層及蝴蝶翅上的顏色亦然。

⑦譯注：只有基本粒子才是點粒子，所謂點粒子就是它在數學上的構造爲數學上的點，沒有大小，只有位置。實驗證明電子的大小小於質子的千分之一到萬分之一以下。質子和中子都是複合粒子，即由其他基本粒子（夸克、膠子）所組成的，因而和原子一樣，有大小。

⑧譯注：白雜訊（white noise）是不帶資訊的波，如果用本書的四濺水花來作比喻，就是只有四濺出大小不一的水花，卻無波的現象。白雜訊是通訊及科學實驗中最大的問題，因爲到了通訊接收器或儀器靈敏度的極限後，測量到的都是雜訊。目前一門熱門的電腦應用學科，訊號處理（signal processing）就是在研究如何從表面上看來是一片雜訊之中取出眞正的訊號。

⑨譯注：卡羅（Lewis Carroll）是英國數學家Charles L. Dodgson（1832-1898）的筆名。他有一天向一位小女孩愛麗絲講他胡謅的故事，後來把這故事寫出，成爲到現在還很轟動的童書。書中把許多抽象的數學寫成看上去是幻想的胡謅。書一開始時，愛麗絲看見一位穿了大禮服的兔子從禮服的錶袋中拿出掛錶一看說「糟了，我要遲到了。」就朝洞跳入。愛麗絲跟上去也跳進這個洞，就開始了她的奇遇。

第十章 共振的魔力

他在大衣口袋中放進小振動器，出外去尋覓造了一半的鋼構建築。在華爾街他找到了一棟，有十層樓高，只有鋼骨，其他的建材還沒有安裝上去。他把這個振動器夾在其中一根鋼樑上，告訴記者說：「數分鐘後，我可以感覺到這根鋼樑在顫抖。慢慢的，顫抖的強度增加，延伸到整個鋼骨結構上。最後，這鋼骨結構開始吱吱嘎嘎叫，搖搖晃晃起來，驚恐萬分的鋼架工人紛紛從高架上逃到底層，以爲有地震。謠言開始流傳說這棟建築要倒了，警察已全部被徵召出來。在產生任何嚴重的事故之前，我把這振動器拿下，放在口袋中，若無其事地走開。可是如果我把這振動器開動個十來分鐘左右，就能把這棟建築震倒在地。用同樣的振動器，我也能把布魯克林大橋（連接紐約曼哈坦島和

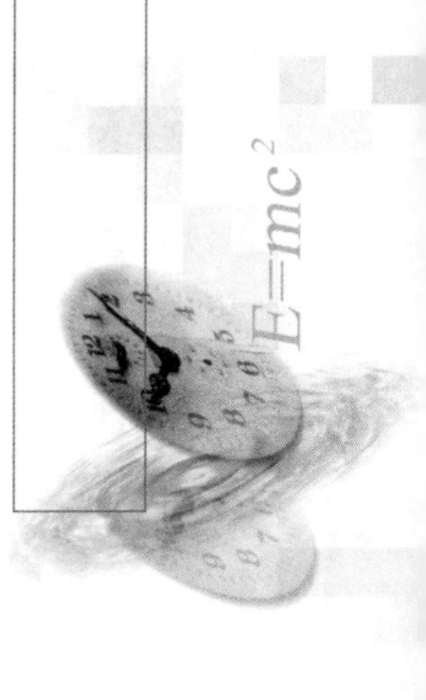

長島的大橋）一小時不到就摧毀倒塌。」

——錢妮（Margaret Cheney），《特士拉①：一位走在時間前面的人》

也許從科學之屋取來的題材，沒有哪一個會像共振觀念一樣（共振是諧波持續不散的模式），能這麼深地滲入日常語言中。人們經常這樣形容：與時代同調、或不同調，和這人同調，或和那人不同調。人們也常常談到共振（sympathetic vibrations，直譯是互相體諒的振動，物理術語爲「和應振動」，或簡稱共振），說他們的波長一樣。至於引起共鳴的理念、引起嗡嗡迴響的逸事，也是周遭經常會聽到的共振語彙。

在物理世界中，共振也同樣無所不在。從土星環到彩虹的顏色，到次原子短暫的生命，都是被共振主宰的領域。研究自然界基礎建材的物理學家，還經常把粒子稱爲「共振」，有時還把自己的工作稱爲「獵取共振」。

從英文的字面上來說，共振的意思是迴響、回音②。它是把許多相似的小週期振動給同步化，成爲大得多了的振動。塑泥不能共鳴，因爲內摩擦太大，使它不能起振動；把一條手帕拋出去，它也只能掉下，不再彈起。要讓一樣東西起共振，需要有可以把它回復到初始狀態的力，也需要有足夠的能量使振動延續下去。訣竅是使它一再迴響，因此需要不停放入能量；放入的速率要比摩擦消耗掉的速率更大。

順天時，識時務

有兩個物體參與這種遊戲，要比單獨一個自己玩更好，因爲其中一個可以把能量輸送到另一個去。這就是共振（互相體諒的振動）的竅門。當人們談及共振時，通常指的不只是動作的匯流：鐘的擒縱棘輪在適當時機把彈簧稍放鬆一點，放出正好足夠的能量去推動擺或晶體，使其繼續走下去；或者兩位商業夥伴在恰好的時機及恰好的地方，互相傳送給對方一些商業靈機及精力，因而獲致重大成果。

如果撇開塑泥和手帕不算，從總體上來看，這宇宙是非常有彈性的地方。從行星到原子大小之間的物體，幾乎都能以一個或多個固有頻率來振動；當其他物體以這些頻率之一進行週期性的輕觸時，就能產生共振。例如一隊步兵齊步走過橋樑，而他們步伐的頻率與這座橋的固有頻率一樣，發生的共振就可能使這座橋塌下。這就是爲什麼軍隊過橋時要變步走的原因。有些研究工作顯示，由於共振的力量，巨大的冰山能被柔和的洋波拍裂開。甚至芬地灣四十英尺高的巨潮，起因也是共振③。

我的物理學家朋友堅持說，只要有決心，一個小孩（或大人）能以一連串時機恰好的推動，讓澡盆裡的「水潮」洶湧澎湃到某程度，可把一澡盆水一次全都濺出。請讀者不妨在家中試驗一下。

特士拉，發明交流電的怪傑，對電流共振威力的妄想程度之高，甚至於還誇耀吹噓說，他能用這共振力把地球一裂爲二。

共振的威力不折不扣來自：時間對，地點對（即順天時、識時務）。想要讓共振發威，在你要做的事情與某物體或某人要做的事情之間，一定要諧和。雷射光的純度高到幾乎不可置信的程度，就來自這個事實：所有受激的氣體原子都排隊站好，使得只要有一點能量的推動，這些原子便以步調齊一的模式放出光。

同樣的，土星四顆內側衛星的運轉週期，正好與土星環上、距土星中心一定距離的粒子的固有旋轉週期，有諧和關係。例如，在環上某一點，其週期正好是某土衛週期的三分之一，在另一點，是另一土衛週期的二分之一，在另一點，又是另一土衛週期的四分之一，等等。這些聯合起來的重力牽引，足以把所有在這些點的粒子推出去或拉離開，因此造成土星環裡的間隙。事實上，如果沒有這些共振，土星環就不會分裂成這麼多道了，只會有一個完整的環。④

換句話說，共振能把許多小小的一推，疊加起來，結果變成很大的推勁。粒子加速器的原理也是如此，可把電子或質子推到近乎光速，就如一位物理學家指出的，「恰巧的時間在褲襠上的一踢。」日常生活中，這也是很熟悉的現象：已經十分憤怒的群衆，只要小小的刺激，就足以造成暴動；餐桌旁的許多相互挖苦譏刺，最後能造成離婚。

共振，有聲有色

可是共振遠不只是冷酷無情的放大器，它也是我們耳朵聽到的音樂。小提琴的弓在弦上滑動，在不大瞧得出來的精確時段推動琴弦，使它繼續振動。這樂器的琴身也諧和地振動，發出極豐富的泛音。吹奏長笛，你是讓這長笛中的空氣在許多不同頻率下發生共振，依聲波在吹嘴和指孔之間來回的距離而定。這些指孔正位於能使長笛發出正確笛音的位置，可是你的吹奏技巧決定了你吹出的笛音是否最純、最悅耳。

共振最有用的特性是能做成一種精確的工具，把某個振動從一大堆振動中拉出來，把某音調從混淆的噪音中區隔出來。設想你在一條布滿圓石子和鈴鐺的路上行走，一面走一面亂踢，鈴鐺會叮噹發響，而石子不會。爲什麼？因爲你踢出的能量會把這些石子踢得到處亂飛。可是鈴鐺會把一部分的能量吸收，因爲它有天生的彈性。這些鈴鐺能載入些能量，足使它們叮噹發響。

這些叮噹作響的鈴鐺，很類似小提琴或長笛、男聲和女聲、網球拍的嗶啪聲、球的噗噗聲，因爲各自具有獨特的泛音。一旦受到攪擾，每個物體只按自己的固有頻率振動及迴響，所有其他的振動都互相抵消了，或者被送到任何方向去。你絕不會聽錯你小孩的發音，因爲從肺部衝出的空氣，開始時呈噪音的形態，可是在經過胸腔、喉管、嘴、鼻時，這些器官各自以特別的形式進行有選擇性的放大——就如你的收音機的調諧器只選出一段非常窄的波段來放大，不顧其他的波段。其他波段的波都被散射掉了。

同樣的性質把你看到的每一物體都上了顏色。鈉光是黃的，因爲鈉原子只以那些你的大腦認爲是黃光的頻率振動。水銀原子的振動發出藍光；氖原子送出的振動到了你腦中，就成爲「紅色」。這些顏色不是單一的音符，而是原子特有的「和絃」。

當原子吸收光而非發射光時，它們留下了影子，可是在這些和絃裡的音符還是一樣的。同樣的，恆星發出的白光在通過恆星表面時，如果表面的氣體含有強力吸收綠光的元素，到達地球的星光在綠色光譜部分就會有一條尖銳的暗線。這種長距離化學分析告訴我們，我們和恆星都是用同樣的原料做成的。

在地面，共振吸收也把所有的物體都上了一層顏色，從跑車到水果。麥克印托什紅蘋果⑤把太陽光中我們稱爲藍光及綠光的振動頻率吸收了，而把其他的光反射，因此我們看到它呈紅色。綠葉中的葉綠素分子的振動頻率在紅光及藍光範圍，因而把這兩色吸收，把其他的顏色反射，因此看上去呈綠色；同一葉子在秋天時吸收綠光，因而反射出秋日的黃紅色彩。

紫外線的振動和玻璃分子的振動諧和，而可見光能夠透過；除非你把窗子打開，你並不會曬黑。大氣中的臭氧層就如防曬油一樣，也把太陽射來的紫外線共振吸收，保護我們不至於被這有傷害能力的射線照到。

即使虹彩也來自共振。經過稜鏡或水滴後，白光中的各色光被散開，由於光譜的紫色端的光比起紅色端的光來說，和玻璃或水分子更能共振。離玻璃分子共振愈近的光，在這介質中滯留的時間也愈長。共振愈純，它「叮噹」的時間也愈長。紫光「叮噹」的時間最長，因此在經過稜鏡時，它被折射得最多。

共振，無處不在

換句話說，共振決定了什麼要沈下，什麼能通過。它造成可見與不可見、透明與不透明之間的差異。金屬不透明，因爲金屬的自由電子能以幾乎所有的頻率振動，因此把各種頻率的光都吸收了。這些自由電子能把這些頻率的光再輻射出，這就解釋了爲什麼金屬能用來製作鏡子。可是從另一方面來說，幾乎所有的物體在無線電波段都是透明的，因爲在這些頻率中沒有共振。所以，你在有厚牆的屋裡也能收聽你的收音機（及看你的電視）。

有時共振能把東西變成單向透鏡，或者輻射陷阱。例如，可見光照入一片玻璃窗後，有部分被一位穿了大紅衣著的女士吸收了，只有紅光能透過玻璃反射回去。其他被大紅衣著吸收了的光，最後都會輻射出來，成爲熱輻射。可是熱輻射不能透過玻璃窗，它被陷在窗玻璃內了。結果就是所謂的溫室效應，對於在溫室栽培植物的人來說，這是再好也沒有的事了；可是對我們的大氣來說，溫室效應是很危險的。從燃燒油或煤產生的二氧化碳能把天空變成單向透鏡，把太陽的熱陷捕在內，把我們的環境變暖，甚至變到危險的程度。

共振最具魔力的一面，就是能使東西從無變出有，就如魔術師能把兔子從帽中拉出來一樣。當你把收音機調到共振頻率時，電台播出的音樂就如同從空中蹦跳出來一樣。汽車在路面上平穩前進的時候，有時突然會大震而特震，原因是車輪沒有平衡好，輪轉週期正好與彈簧的固有節奏起了共振。

有些物理學家用這個類比來解釋共振如何能產生出粒子來。在粒子物理的基本小宇宙中，每一種能量都有對應的頻率，反之亦然。這是很自然的物質互補原理，既有波又有粒子的特性。物質因爲具有波的性質，也就有了頻率。就此而言，每一粒子波都有特定的頻率，而這個頻率對應於某一特別的能量。能量（按 $E=mc^2$ 這個公式算出）與質量相當，因此在很基礎的意義上，某物「振動」的方式似乎就決定了它是什麼。當加速器物理學家把粒子束「調諧」到能與每秒 7.5×10^{23} 週的能量爆叢相撞時，喊聲太上老君急急如律令！他們就創造出粒子了（或者，應當說是一對粒子）。那就和你以恰巧的吹力在可樂瓶口吹一下，能吹出樂音一樣。

當然，所有這些類比到了次原子領域時，就不適用了。可是你仍然可以設想，這些粒子／共振就如小圓石路上的鈴鐺。大多數的碰撞產生出的是許多被踢起的小圓石，它們的能量及運動散布在各個方向。可是不時你會擊中某物，它「叮噹」的時間會比較長，因爲它有一種可把能量滯留一陣子的特性。你就會知道那裡有一些很特別的東西，你甚至於能稱它爲粒子。

這樣想起來，這宇宙還眞不錯，它本質上可能就是次微觀世界中鈴鐺不斷響著的交響樂。

【注釋】

①譯注：特士拉（Nikola Tesla），1856-1943，俄裔美國發明家，被人稱爲發明大王。曾任愛迪生助手，發明無數超時代的東西，爲後來的發明開路，如機器人、雷達、霓紅燈、螢光燈、無線電遙控、無線電報、蒸汽渦輪、高頻發電機、速率計、交流電動機等。現在最常看見的是特士拉線圈，能把低壓變成能發出數英寸長的高頻火花。他的名字已被國際採用爲磁場的單位。可惜因爲他的發明超前時代太多，因而經濟效益不大，死時分文莫名。

②譯注：共振的英文 resonance，字源是拉丁文及中古時代法文 resonantia，意思是回音（echo），和英文 resound（迴響）同解。

③譯注：芬地灣（Bay of Fundy），在加拿大東南部大西洋岸，以巨大的潮汐聞名。

④譯注：土星環都在土星的半徑二點二倍以內。在這距離以內，如果有任何衛星，它們所受到土星的潮汐力（離土星近的一端的重力與遠的那一端的重力之差），能大於把這衛星聚集在一起的重力，因而這衛星會被土星的潮汐力拉散裂開，成爲碎片。這個關係是法國數學天文學家洛希（Edouard Albert Roche, 1820-1883）發現的，稱爲洛希極限（Roche Limit）。可是土星的環有很多，其間有空隙。最大的可以在小型望遠鏡中看到。這些環的成因到了二十世紀才知道來自共振。

⑤譯注：麥克印托什（McIntosh）是一種美國常看到的早秋紅蘋果。

第十一章 對稱性和影子

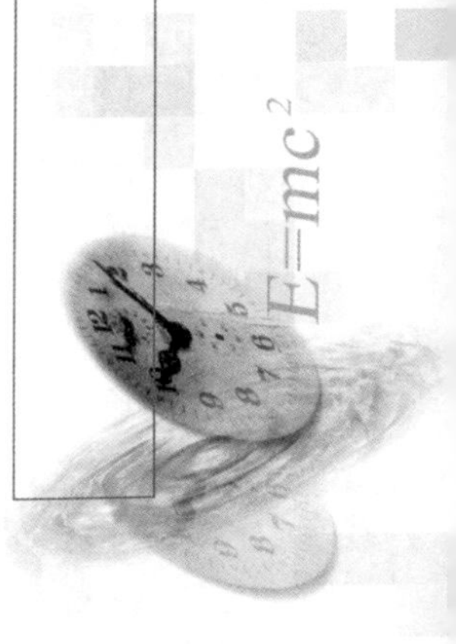

人們想像出神祇來，給祂們穿上人類的衣著，外形和聲音也與人相像……是呀，伊索匹亞的神祇都是黑色皮膚、鼻子扁平，色雷斯人①的神祇都是紅髮藍眼的。

——色諾芬②

有時模式會擺錯地方。我們認爲是「外來」世界的訊號，其實只是頭腦中創造出的幻象。常常很難看出這些差異，因爲模式從這裡到那裡，從外界到內心時，會改道而行。光和聲音的模式，就和神經的電訊號一樣，被彈來彈去，經常走錯地方，使得人們無法知道它們來自何處，或者是否載有訊息。

回想一下，有多少次你看見一道反光，就假定它是通往外部世界的一扇窗。反光本身說來和圍繞我們的所謂具體物件一樣眞實。但除非一道光射到了你，你不會知道在射中之前它在哪裡，即使這個光源似乎就在你眼前。你也不知道那個在你車外晃蕩的紅光點是自行車尾燈的反光，因此你誤認爲那是幽浮（不明飛行物）。

反射能把光及其多色的影像轉來覆去，就像在旋轉門中一樣。可是這個旋轉門是不可見的，你無法知道它在射到你以前旋轉過多少次。我朝窗外看時，我認爲我看到了半英里外池塘的邊緣。可是其實我看到的是被那池塘反射的陽光——被空氣分子吸收後再發射出來，歷經不知多少次吸收發射的光，在進入我的窗、經過我眼睛的角膜時，又被折射不知多少次。如果我看到了這池溏的光，等於也看到了所有從那裡到這裡之間發生的事。

所有我們處理到的資訊及理念，都已經被好多層認知及偏差所過濾過了——不管是由自己還是圍繞在周圍的人。從光帶來的影像也一樣。我兒子有一次觀察到，恆星和行星之間的區別是，恆星「如點狀」。可是從街燈及耶誕樹上的裝飾燈發出的光芒，遠看也如點狀，卻不是由恆星產生的。恆星如太陽，是巨大的氣體圓球。你看到的光芒或光點是光被你的角膜透鏡中，類似洋蔥的層層透明細胞所創造出來的。恆星本身並不閃爍。它們似乎閃閃發光的原因是，在我們和恆星之間的空氣經常在飄動，把從恆星發出的光不斷地搖晃。我們觀看這些恆星時所看到的閃閃亮光，其實是我們思考之眼看到的閃耀之光。

反射是一種特別的打岔

天文學家和粒子物理學家經常擔心，這些光及聲音的模式是否被扭曲及打岔，加入了枝節？因為他們在解碼這個物質世界的奧祕時，用的就是這些資訊。從那顆恆星來的光是眞的黯淡呢，還是它發出的光有一部分被星際塵埃所吸收了？那訊號過來的路徑是一條直線呢，還是已經被某重力場彎折或拉伸過了？那個粒子的徑跡是直接來自碰撞中心，還是反射過來的？

反射是一種特別的打岔，在自然界中到處都存在的程度令人驚奇。幾乎每一物體都在某角度反射某些東西。回音是被谷壁反射回來的聲音。水波被海岸線反射，把海岸線的輪廓反射回大洋去。你能把一本書或桌面變成一面鏡子，如果你從很低淺的角度看過去；就如小孩學會如何能把石片丟出，使它在水面上飛掠，因而把池塘變成能反射石片的鏡子。作家墨奇說，在阿爾卑斯山上有一個水面如鏡的湖，槍手可以瞄準水中倒影開槍打中隔岸的靶。

就此而論，幾乎我們看見或聽到的，都是從其他物體反射出來的。並非所有的反射都從平滑的鏡面而來，可是任何不自己發光的東西，一定要暴露在其他東西發出的光之中。當你在一間黑暗的房間裡把燈打開時，燈光被牆反射，照到家具上去，最後反射到你眼中。每一樣你在房中看到的東西其實都來自反射的燈光。即使長沙發的紅色，也是隱藏在燈泡發出的白光光譜中的顏色；當白光照到這個紅布絨上時，所有除了紅光以外的色光都被吸收了，而剩下來的紅光被反射到你的眼中去。

白色的粗牆是很小的平面的組合，與雪一樣，千變萬化，可把燈光變成耀眼的白。如果你能

光從水中進行到空氣中，發生折射，把水中的影像也帶著撟折了，因而可以造成種種奇蹟。（Copyright 1980 by Nancy Rodger）

撿出這類的小平面，你可以看到，它就像一小面鏡子一樣，能反射出影像。可是把這麼多的影像混在一起，就產生出了白色。同樣的，一片平滑的鋁箔也像一面鏡子，除非你把它揉出皺痕；揉出的皺痕愈多，它的反射愈像白牆。在稍被擾動的水面，這種效應更爲熟悉，在這種水面上，月亮或街燈的影像被多次反射拉伸爲長亮光，效果就像許多排列在一起的鏡子。

白天，我們到處都有的「燈」就是太陽。陽光被樹頂、雲層及空氣反射到各處去。如果沒有空氣把光反射，天就是黑的，因而太空人只能在黑暗中旅行。古時候，我們晚上的燈就是月亮，它把陽光及地球照上去的光反射出來。這也解釋了爲什麼我們能在「新月的懷抱中看到舊月」（黯淡的整個月亮的影像，依偎在一縷彎彎的新月中）。月的盈虧反映出的是日、月、地球之間永遠在變動的關係。

反射甚至於也讓拉塞福能看到原子核，反射至今仍然是闡明原子內部祕密的主要工具。當拉塞福以次原子粒子去轟擊金箔的時候，有些粒子被反彈回來。今日人們經常用反射回來的電波及聲波（雷達和聲納），去看許多不同種類的東西。被地球內部反射的地震波，幫助了地質學家去繪出地球剖面圖。身體內部的器官把聲波反射出來，成爲超音波圖，可以讓懷孕的母親及父親看到還只有幾個月大的胎兒。從海底反射出來的聲波，可以發現沈沒在海底的寶藏及數英里深的海底峽谷。

對稱之謎

反射最迷人的特性就是它們內在的對稱性，這是另一種不易捉摸的模式。鏡像大致說來是對稱的；可是科學家所認爲的對稱，和一般人的不同。舉個例子，對大多數人來說，雪花呈高度的對稱性，可是對物理學家來說，撞球才具有至高的對稱性。對稱性的程度愈高，你能把這件物體轉動某角度、外形看起來仍然一樣的方法也愈多。鏡像之所以有悅人的對稱性，原因是你不能區別出哪個是鏡像，哪個是實物。

從許多方面說來，人也具有高度對稱性。我們有左右手及左右腳，戴左右手套及穿左右鞋③。可是我們的心臟卻偏左，盲腸在右。

無生命的東西及物質世界中的東西並不全都呈現對稱性。一直到幾十年前，人們都還假定物質世界中發生的事都呈高度對稱性，物理並不能區別左與右。一九五七年，吳健雄女士發現了在放射性衰變過程中，有左／右的區別，才打破這項假定。然而在實體宇宙中，這個對稱性的問題幾乎還沒有解答。從許多方面看來，這問題才剛開始。

當然，你能看出多少對稱性，是相當主觀的。如果你有色盲症，紅燈看上去就和綠燈一樣，你無法區別停車或開步走的指令；在晚上你也不能區別一艘船朝哪一方向移動，因爲你無法區別港邊（左面）的紅燈或星邊（右面）的綠燈。

可是對稱性仍然滲透了自然界，它是力與美的平衡：對每一個在左的東西，就有一個在右的；有陰，就有陽；有顏色，就有補色④；有粒子，就有反粒子。的確，觀看反粒子的方法之一就是把它看成虛粒子海中的「洞」(見第一章注釋㉟)。

其實「無物」和「有某物」之間，經常顯現出一種很奇怪的對稱性，兩者可以構成完美的整體。某模式中不存在的某部分能告訴你的，和存在的某部分能告訴你的，經常一樣多。例如，研究結點（knot）的數學家研究結點的互補部分（或「非結點」），來得到這些糾纏在一起的形態的性質。這些「非結點」能供給與結點相同的資訊。同樣的，恆星光譜中的暗線能告訴天文學家，這恆星的大氣中有哪一種元素。

影子也富含資訊

藝術家鮑伯·米勒（Bob Miller）以「不見了的影像」或影子創出驚人的藝術風格聞名。在後來被人稱為「鮑伯光行走」的舞台藝術表演中，米勒把他的雙手舉在頭上，雙手的手指交叉，手指之間便出現不規則空隙的網絡。可是在地上，打出的燈光透過手指間的空隙，照出了完美的圓光點。它們代表的是閃爍不停的太陽影像。他的手指間的空隙就和針孔照相機的針孔一樣，或者眼睛的瞳孔一樣，可以從四周混亂的光，挑擇一部分出來形成影像。

這與你在樹下看到太陽的影像相似，陽光就好像撒滿一地的錢幣。它們是透過樹葉間不規則的空隙而形成的太陽光影像。日食的時候，這些圓形影像會慢慢變成新月形。

可是，如果影像是一絲選擇過的、攜帶了資訊的光線，那麼影子是什麼？影子是同類的光線被擋住的地方。米勒經常在樹下的地上尋找模糊的影子，然後把手指彎出洞隙，讓穿透下來的陽光造成太陽的影像。在地上你可以看見很清楚的太陽影像，其中有樹枝的黑影。可是最驚人的是，當他拿出小的黑點子，把它投射出影子，而不用小洞隙去造成針孔像時，地上就會出現一個太陽黑影，在這較暗的太陽影像前面有白色的樹枝影像。

換句話說，影子是失去了的影像，但它也是互補的影像，它和把白色中去掉某顏色後剩下來的顏色一樣，也和夜晚是白天的互補一樣。影子供應的資訊和影像供應的一樣，可是這資訊的形態有互補性。

在米勒的某一件藝術品中，黃色太陽、紅房子及藍色的雲等的針孔像，變成了紫色的太陽、綠房子及橘色的雲。米勒還透過一系列的雕塑及展示，證明影子也能含有投射出這些影子的光所具有的資訊。這影子居然和原來的光一樣富含資訊。

令人好奇的是，影子和其他「負或否定性」的東西一樣，聲譽居然如此晦暗。畢竟在我們家及辦公室的電線中流動的是「負」電。這個負電是含在很貞實的叫做「電子」

的粒子中。它不比它的反物質（正子）更實在或更不實在。其實我們稱爲反物質的東西很可能是某些未知宇宙中的正常物質。我們稱它爲「反」的原因是，從某個重要的意義來看，它和組成我們宇宙的物質是相反的。

但在現今這個時代，甚至於已認爲眞空中充滿了能量，宇宙從虛無中創生，電腦在○與一儲存了同樣多的數位資訊，我們是應當與「負或否定性」講和了。結論是，「無物」實際上含有許多東西。或者如希臘哲學家盧克利修斯⑤所說的，「實在的東西並不比不實在的東西更爲實在。」

影子畢竟只是影子

即使是透明的東西也能投射出影子來。如果你拿透鏡，或者一副眼鏡，朝點光源看去（任何不四處分散的光都行），你可以很淸楚地看見它把亮點從一處傳載到另一處，可是它同時也留下一道影子。當稜鏡把光分散成各種不同的色光時，其實它就是在投射出影子。每一種色光所在的地方，就沒有其他顏色的光；每一種色光所在的地方就是其他色光的影子。

光並不是唯一能投射出影子的東西。一把雨傘或一棟建築不只能投射出光影，也能投射出雨的影子。天花板上的天窗投射出雨的影子，可是能讓可見光透過。

很少能把「所有一切」都蓋掉的影子。其實影子很像過濾器，它們並不把東西擋掉，而是把東西選擇過；咖啡濾紙把咖啡從咖啡渣中「投影」出來。影子讓你把資訊從雜訊中濾出，把重要的東西從令人分神的雜質中濾出。事實上，對認知來說，把無關的神經訊號除掉或抑制，與第一時間就接收到訊息，同樣重要。

當然影子是被障礙物產生出來的。經常這些影子的形狀能告訴你關於這障礙物的特性。亞里斯多德在月食的時候看見地球的圓形影子，因而推斷這個世界是球體。電影膠片是放映機裡的「障礙物」，因而產生了影像，就和你的骨骼是X射線的障礙物一樣，因此產生了X光片。影子也攜載了射到障礙物上的光線的詳細資訊，及其所投影的表面的特性。投射在曲面上的影子也是彎曲的，而投射在階梯上的影子則呈鋸齒形。不同地方、不同時間投射出的影子有不同的長度及形狀，我們從這些事實也能推斷地球的形狀是圓球形的。

影子充滿了資訊。可是終結說來，它們只是投射出的影子而已。就像投射在我們視網膜上的是這個世界的二維投影一樣，影子缺乏深度感，因而很容易誤識。圓柱的影子像圓、或者像長方形、或像橢圓形，就看你在哪裡擺放光源。這些影子的衆相，能讓我們用手指創造出極奇特的影子。但與二維的影像一樣，影子只給我們觀點，有部分模式已經消失不見了。

這正是現代物理學告訴我們的，關於認知的最有趣訓誡：必有部分模式會失蹤。

【注釋】

①譯注：色雷斯（Thrace），在愛琴海北岸，古希臘的一部分，現在分屬土耳其和希臘。

②譯注：色諾芬（Xenophanes），公元前 430-354，古希臘將領、歷史學家及哲學家。

③譯注：其實鞋分成左右是很遲的事，約在一八〇〇年以後。

④譯注：顏色和它的補色（complement）合併起來就成爲白色。顏色的補色是把這個顏色從白色中去掉後剩下來的顏色。

⑤譯注：盧克利修斯（Lucretius），公元前90-50，希臘、羅馬時代哲學家。原書寫的是 Leucippus 大約有誤，因爲 Leucippus 是希臘神話中的人物，而非眞人。

第十二章 有序及無序

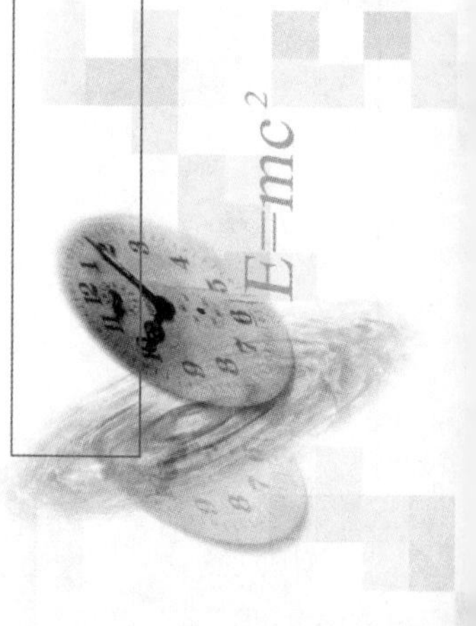

自然律既是偶發及歷史環境的結果，也是某些永久、先驗邏輯的反映。

——施莫林

科學中最極致的希望是，我們將能追蹤所有對自然現象的解釋，直追蹤到終結的定律與歷史上偶發的事件。

——溫伯格

自然律是否允許意外事件出現？無所不在的物體及力的模式只是機遇？看似有規律

節奏的時間、空間及物質，是怎樣從一團混沌中出現的（或者溶回混沌的）？

有序與無序之間的相互作用是最難解的問題之一，這類問題使得想當自然哲學家卻未能如願的人非常頭痛，也使眞正的自然哲學家非常頭痛。大部分的世界似乎是建立在模式上，可是即使是最規律的模式，在時間的消磨下，最終還是會消散於無序中。反而，似乎是無序的星球及水分子的微動，卻產生出規律而重複的模式，如螺旋星系及龍捲風。有序產生出混沌，偶發的意外事件卻掌控了最愼重計劃的事件，反之亦然。我們經常會看到，可預測的及隨機的事件，交替互換。

這是糾纏不淸而又關鍵性的問題。因爲，雖然自然世界有這麼多看似有序的現象，例如晶體及雪花、光波及螺旋星系、組織嚴密的螞蟻聚落，以及很簡潔的橢圓形行星軌道，但是我們周遭所見的大部分東西都由隨機性在主導。例如，恆星的形狀及大小，被電子壓及重力之間的相互作用所決定；可是爲什麼某一顆恆星正好會在某時候、某地方誕生，卻是隨機發生的：那是飄浮在太空中的分子，正好有一些隨機湊在一起，使它們在眞空中那個角落的重力稍稍強一點，因而把更多的分子及粒子吸引到那裡去，使那裡的重力變得更強……起初這麼小的一點機率，最後居然也能形成一整個星系。

我們的存在應當歸功於意外。我們呼吸的空氣是古菌鑄下的錯。在演化過程中隨機的突變開啓了光合作用的過程，這過程使植物呼出氧氣。因爲如此，許多植物死了，被自已呼出的廢氣（氧氣）所毒死。那些能活下去的就創造出天穹。

植物本身和所有的生物都來自隨機的原子組合，這些原子變成能適應成生命的大分子；在早期的地球上，在不知若干的歲月中，這些有機分子就在混沌狀的大熔爐中冒泡，在隨機的碰撞中互相吞併，從隨機的閃電中獲得能量，直到當中的一些開始冒出生命的火花。這些演化的嬰兒期步驟已在實驗室中複製成功過：一九八三年八月，化學家宣布，他們在沼氣、氮及水的渾湯中通入電流後，「一舉」創造出所有組成人類基因的基礎化學物質（即胺基酸）。

當然，演化出更複雜的生物形態，是由天擇磨煉出來的。可是這類改變的原料仍是隨機變異。地球上的每一個人，都來自他或她父母的隨機配對以及無數不可理解的事件。

當我們說事件是隨機出現的，這意思是什麼？是否說事件是有序或無序？是否說我們的生命受到機遇的指揮？我們對「機遇」這詞有許多不同、而且相當對立的用法。我們說某事的發生是因爲機遇，指的意義是運氣或意外，你我完全不能預測這種機遇。可是，在另一方面我們把機遇看成一種機率，一種預測某事是否會發生的方法。例如，我們預測有百分之四十的機率可能會下雨，或者預測打牌時拿到同花順的機率是多少。

有序無序，如何區別？

有序和無序的意義也是同樣含混。例如，某種從所有觀點看來都相同的情勢，你認爲它是有序的、還是無序的？完全無異或完全均勻是有序、還是無序？一整個房間地板上撒滿了錢幣，左半邊地板上人頭朝上的錢幣數目，與右邊地板上人頭朝上的錢幣數目一樣，這是有序還是無序？

無序是完全民主的，可是並無特出之處。反過來說，有序則是更具獨裁性。衣櫥井然有序的意思是，鞋子和襯衫分開，裙子和長褲分開。說一支軍隊紀律嚴明、井然有序，就是說二等兵和上校有別，就如螞蟻窩中的有序是螞蟻成員分工的明確。今日擁有四種基本作用力的宇宙（連同它的原子、生物及星系），比早期的宇宙更加有序；早期宇宙僅是均勻攪在一起的炙熱渾湯而已。亞里斯多德的宇宙也是高度有序的：每一個人，從奴隸到鞋匠，每一件物體，從石頭到行星，都有適當及永久的位置。

很明顯的，有序要比無序更爲複雜；比較說來，混沌似乎要簡單些。例如有人形容物種有序，意思是它吃東西的器官和排泄器官有別①，或者擁有許多特化的器官。奇怪的是，當我們說人類是「有序度很高」的物種時，意思是，我們較爲複雜，因此我們明顯比其他物種更好。可是達爾文很小心，並沒有把「高」和「低」歸因爲演化的成果。

古爾德寫道：「因爲，如果變形蟲與我們一樣都能適應自身的環境，誰能說我們是更高等的生物？廣義說來，長毛象身上的毛不代表進步。」長毛的唯一原因是天氣變冷了。

有人也許已猜到，物理學家已經很有序地研究過無序了。他們非但能預測某些隨機事件的面向，也發現了自然律中關於無序的基本定律。事實上，無序之中還是有一些很怪誕的有序。無序是可以度量的，甚至大多數都是能預測的。無序是整個宇宙無可避免的、一直在增加的一種量。就如死亡和納稅是不可免的，你必能確定的是，大尺度的無序程度會繼續增加。

你不必是物理學家，也能瞭解這一點。有一天我坐在廚房中，電冰箱正好故障。一想到我所有的冷凍食品都要壞了，突然間我又想到一大堆事：我右後側的牙齒需要做根管治療，我兒子需要一雙新球鞋，我家花園馬上要變成雜草園了，我的頭髮居然開始變灰，房子需要油漆，電腦需要修理，最好的毛衣破了個洞……我開始有了一種徒勞無功的感覺。畢竟，爲什麼星期六要耗去半天時間在自助洗衣店裡，到了下星期五所有的衣服不是又要髒了？

「熵」登場了

唉！無序是宇宙中所有東西最自然的次序。無序的量度是一種物理學家稱爲「熵」

（entropy）的東西。無序或熵永遠向上增加的事實，來自熱力學第二定律：「自然過程的趨向是走向更大的無序狀態。」②大多數基本的物理量，如能量、物質、動量及自旋，都是守恆的；換句話說，你放進去多少，就能拿出多少，宇宙中所有這些量永遠不變。你不能把能量弄掉，就如你不能從一塊布料中創出能量一樣；你只能把它從一種形式的能量轉變成另一種形式的能量。

可是熵是另外一回事。你得到的總會比你開始時更多。一旦熵產生出來後，就無法消滅了。這過程是不可逆的，走向無序的道路是單行道。（好消息是，你能從宇宙的某部分借來能量，在另一部分創造出有序，因而造出「有序之島」，例如恆星及人。以後會再談到這一點。）

因爲熵的這種令人膽怯的不可逆性，人們常常把熵稱爲時間的箭頭方向。每個人都能直覺瞭解這一點，例如：如果不去管，小孩的房間傾向於髒亂，不會傾向於整潔；木頭會爛掉，金屬會生鏽；人老了皮膚變皺，花會萎謝；甚至於山也會風化而崩落，即使原子也會衰變。在城市中，你從破爛的地下鐵道、磨損的人行道、拆掉一半的建築，及倒塌的橋樑，都可以看到熵。

如果你突然看見斑落的油漆跳回到一棟舊建築去，你知道一定有什麼地方不對勁。打散的蛋不會自動復原，就像童謠中的卡通蛋掉下地打碎後，不會復原一樣。

可是熵無可避免地不斷增加的原因是什麼？什麼東西阻止了卡通蛋自動復原？或者就此而言，爲什麼人們不會愈長愈年輕，而是愈長愈老？這些問題的解答就是機率——無數隨機的事件合起來的效果。費曼下此斷言：「不可逆的起因是，生命中尋常的意外。」

搗亂的方式多得很

設想一下在我的電冰箱故障以前，我家廚房中的空氣。它極爲有序，是在熵值很低的狀態：所有的冷空氣都藏在冰箱中，暖空氣被隔離在外。可是從這機器停止運轉的那一刻起，冷、暖空氣就能自由交換能量了。當它們這樣那樣地互相推擠的時候，當然有這個可能，所有的冷空氣（即運動較慢的空氣分子）都被推入冰箱。可是這是非常非常不可能發生的事。最可能的是，冷空氣分子和暖空氣分子隨機混合在一起，留給我的是一團半溫的糟糕局面。

當然，沒有任何東西會阻止分子到這裡或到那裡去。沒有任何力會把冷空氣推出冰箱。事實上，任何冷空氣分子被推回的機遇和被推走的機遇一樣。可是如果把數以兆計的熱分子、冷分子混在一起，所有冷空氣分子會蕩向冰箱、而暖空氣分子會蕩到冰箱之外的機率，可以說等於零。

熵獲勝的原因不是因為有序是不可能的事，而是因為通往無序的渠道數目要比通往有序的渠道數目多得多。把一件事做成馬馬虎虎的方式，要比好好做出來的方式多得多；把事情攪得亂糟糟的方式，要比做得又整又潔的方式多得多。如果我把嬰兒放在我的電腦鍵盤前面，她打出 a 的機率約為百分之一，可是要她依序打出 Shakespeare（莎士比亞）這個字的機率還不到百萬分之一；而她能打出全套莎士比亞劇本的機率，更是小到我們稱為不可能的程度。

這正是為什麼暖空氣不能把已經融化了的奶油，激發到自動變回一條凝固的奶油的原因，也是為什麼在一杯半溫的飲料中，冰塊不會自動冒出來的原因。因為事情能這樣發生的機遇太小了。嬰孩總是先學會把拼圖拆散，以後才學會怎樣把它拼回，因為把拼圖拆散的方法要比把它拼回的方法多得多。事實上，這就解釋了為什麼突變通常是有害的，而不是有益的：隨機的變化能把事情搞糟的方式太多了。

嬰孩拼圖的片數愈多，就更難把它拼回完整。從某種意義來說，歸納起來，熵是機率的數字問題。一枚硬幣落下時不是人頭朝上就是人頭朝下。可是房間中的一粒塵埃能占有幾乎無窮數目的可能位置，而結果都是把情勢搞得更糟。如果廚房中只有十來個空氣分子的話，那麼很可能（如果我等上約一年的時間）在某個時候，六個最冷的空氣分子都出現在冰箱的冷凍庫中。可是如果廚房中的分子數目愈多（在方程中的因子數目也愈多），理想情況就愈不可能發生。

就如一位物理學家說過的：「不可逆性是我們付給複雜的代價。」這也是為什麼會發生能源危機的原因——雖然能量本身是守恆的，可應用的能量卻完全是另一回事，一旦沒有了，就從此沒有了。熱力學第二定律說，不管你能把一部機器的效率製造得多高，你能從這機器取得的能量總是比你放進去的要少。差額就變成熱，或熵。失去的能量是永遠不能挽回的。

一旦水從瀑布流下，就失去了它能做出功率的位能。一旦冷空氣從冰箱中釋放出來，冰箱就做不出有效益的事；結果是我的奶油融化了，我的牛奶變壞了，我的冷凍蔬菜爛掉了。費曼說：「在不可逆的過程中失去的不是能量，而是機會。」

出現有序，並非奇蹟

可是在這些事情之中，仍有個先天的弔詭現象。從一方面說來，物理學家說，無序的增加是不可避免的事實，你隨便朝哪一方向看去，都能看到無序增加的結果。可是從另一方面來看，這個宇宙的結構卻是愈來愈有序了。這種有序度的增加是很明顯的：創世的火球已經冷卻，從一團無形無態的質量中出現了元素、恆星、行星、人。我們在宇宙中看到的是有序的增加，而不是無序的增加。

當你考慮到無序與溫度之間的密切關係時，這個弔詭現象就變得更複雜了。熱是一種隨機運動的量度。暖（就如融化了的奶油中的暖）代表的是無序。早期宇宙是一團熱粒子和輻射的混合體。在今日，即使恆星也不是由原子組成的，而是像分不開的原子粒子渾湯——被高溫中固有的高能量撕開的原子碎片。這種物質的名稱是電漿，原有「混合物」之意，宇宙中的物質大多都屬於此態。

而從另一方面來說，冷代表的是有序。只有當溫度變得相當冷的時候，穩定的原子才能從質子、中子及電子組成出來。只有等到更冷了以後，原子才能形成更為複雜的分子。但是在太熱的時候，水會分解成氫和氧。蒸氣要比水更為無序，而水則比冰更為無序。所有這些我們熟悉的水的有序態（冰塊、雪花、冰雹），只能在相當的低溫下才能形成。

宇宙中不斷增加的有序度，和宇宙級的冷卻有關。創世時存在的十來億度的溫度（所謂的大霹靂），現今僅比絕對零度高三度左右。物理學家說，四種基本作用力已經不知怎樣被「凍」成現在的各個不同態了。

可是當宇宙的熵繼續增加時，宇宙又是如何冷卻下來，變成更為有序的？

答案是，你付給有序的代價是能量。要把檔案整理就緒，要把衣櫃整理得井井有條，都需要能量，就如需要能量去創造出原子、恆星，或把所有的冷空氣分子都留在電冰箱內。因此，當然有可能在宇宙中創造出有序態，只是所需要的能量一定要從宇宙的別部分借來。沈浸於混沌之中的有序之島（晶體及雪花，建築和城市）能存在的原因是犧牲了其他的東西。我們建造建築所需的能量，大多來自化石燃料，這些燃料供應鋼鐵工廠、吊車起重機、卡車所需的能量；在這樣做的時候，我們增加了「空氣中的煙霧」這種人們熟悉的熵。在宇宙的任何角落中創造出有序度的代價，就是在其他某處增加無序度。

當我們討論的是整個宇宙的時候，有些物理學家的解釋是，增加的無序度被消散到廣闊的無窮空間去。畢竟，如果熵可以用「可能的態」的數目來量度，那麼在無窮空間中的可能態，數目顯然是無窮的。有些人認爲這些熵沈到重力場或黑洞中去。無論如何，這些熵一定要到某處去。

抗拒無序，需要能量

熵降低的最明顯例子是生命。一枚埋入土中的種子，加上一些碳及陽光，就能自動安排成一株玫瑰。在子宮中的「種子」吸收了一些氧氣、匹薩餅及牛奶，就變成了嬰孩。

死亡是一種極端形態的熵。生命是有序度的縮影，是意圖的化身。要活下去，就要不斷和熱力學第二定律奮戰，可是這是一場似乎贏面要比輸面來得多的戰爭。儘管有那麼大的困難，在沙漠中花還是照開，在貧民窟中小孩盛生。作家墨奇說：「你看，如果某物或某人有求生的意志，這物或人一定要抗拒被分散開，一定要從無序移向有序。換句話說，要避免走上所有捷徑而脫離了以前的形態，最好的方法乃是一開始就跟住它。基本上說來，就是要留在這裡不走的意思。」

那些不可避免的生命中的意外及障礙，幾乎可以保證事物都會出軌，跳到隨機之路上去。無序是最無阻力的捷徑，容易去，但並非是不能避免的路徑。社會的組織和原子及恆星一樣，如果不花些能量去保持它們的有序度，就會頹廢。而每一次熵一增加，就等於失去了更多機會可阻止無序如雪崩般湧來。這種無序程度的增加不僅能威脅物質宇宙，也能威脅社會宇宙。

【注釋】

①譯注：有些低等生物如海參的口兼排泄用。

②原注：請見物理教授紀安可利（Douglas Giancoli）所著的《物理的理念》（*Ideas of Physics*），一九七八年出版。

第十三章

因與果

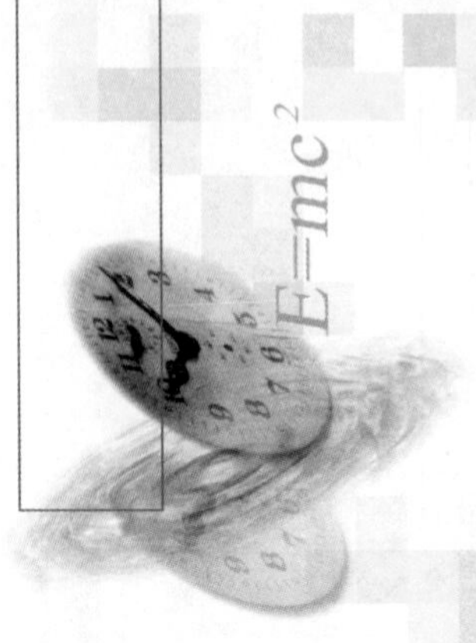

事物可能是不能測定的，但絕非含混曖昧的。大自然知道她在做什麼，而且都做了，即使我們無法知道她在做什麼。

——艾丁頓爵士

自然哲學的內涵是去發現大自然的架構及運作……因而推導出事物的因果。

——牛頓

因與果的倜促關係，甚至比有序和無序牽涉得更廣。對科學家和哲學家來說，沒有比搞清楚因果關係更重要的東西了。希臘哲學家德謨克利圖斯①說過，若要在知道因與就任波斯國王之間作抉擇，他寧要知道因。

然而，要知道宇宙「如何」運轉是一回事，而要知道宇宙「爲何」這樣運轉又是另一回事。人們知道重力的作用，可是不知道爲何有這作用。同樣的，有人告訴你，小學生怎樣謀殺同學，可是完全不知道爲什麼要謀殺同學。

歷史上最大的未解之謎之一，牽涉到無人能解釋的西方世界在天文上的健忘症；歷史學家說這個健忘症發生在古希臘至文藝復興期間。希臘薩摩島上的天文學家阿里斯塔克斯②在公元前三世紀時寫下，自轉的地球和其他行星都繞著中心的太陽轉，可是要等到十八個世紀後，這「發現」才被哥白尼及其他人起死回生。哲學家柯思特勒寫道：「我們知道它如何發生，可是如果我們能知道爲何這樣發生，大概就能對當代的毛病對症下藥了。」

去尋求內在的因，有天生極強的吸引力；尤其，這種知識隱含了控制事物的能力：如果你知道什麼能使某事發生（或不發生），你可能就可使它再次發生（或持續不發生）。最重要的是，人們喜歡知道事出有因。一想到事件是隨機發生的，環繞我們的事物並不遵守可爲人知的自然律，心裡總會感到不舒服。牛頓的理念之所以很快被接受，部分原因是這些理念包含了因果關係很明確的公式：行星以某一方式繞著軌道轉，物件以某一方式加速下落，原因是重力以某一方式去拉引它們。

達爾文的理念要更難被某些人接受；阻力的一部分原因是他的理論中安進去隨機突變的角色。天文學家赫許爾爵士（Sir John Hershel, 1792-1871）就埋怨說，達爾文的演化理念只比「亂七八糟律」要稍好些。

上帝擲骰子嗎？

即使是愛因斯坦，也拒絕接受量子力學，因爲他認爲這理論把因果律完全廢除了。他在一九四四年寫信給他的朋友及物理學家同儕玻恩說，「你相信的是擲骰子的上帝，而我則相信，這一個有某些事仍是客觀存在的世界，是由完美的定律所統治的，我嘗試以一些古怪的奇想去捕捉這些定律。我希望有人能找到更實在的途徑，或者找出比我的奇想更能捉摸的觀念基礎。量子力學的初步偉大成功，並不能說服我去相信那個本質上是擲骰子的遊戲。」

對愛因斯坦和其他人而言，量子力學似乎在這個宇宙中引進了不能接受的不確定性及不能預測性。也許自從哥白尼終於把太陽放在太陽系的中心之後，科學界還沒有過這麼深刻地把人們的哲學觀播動過。

從另一方面來說，對於因果律的絕對信仰，似乎使得自由意志變成不可能。如果每一個果都來自一個因，而這個因又是另一個因的果，如此往上推衍，就能以一條直線把所有的果追溯到宇宙創生，因而使我們的每一件事、每一飲一啄，都已被注定，而且一定是自時間一開始流動起來的時候就已經注定。

如果你趕不上火車的原因是一場大風雪，而這場大風雪是兩星期前大西洋中的暖鋒造成的，而這個暖鋒則是風及太陽黑子的組合所造成，如此繼續推衍，那麼你就可以把這個因推溯到任何你想要推溯到的事件。到了最後，這個事件還會有個尚未追溯到的因。玻恩說，如果相信這個「無盡頭的自然之因長鍊，就必然會把我們推送到這樣的理念：世界是自動化的大機器，我們只是這大機器中的小齒輪而已……如果我們從倫理的責任觀點去考量，我無法想像出這個理念會把我們帶到什麼樣的難題。」

牛頓的宇宙就是這種無盡頭的自然之因長鍊：只要我們有足夠的資訊及充分的時間，行星的行爲（想來也包括人們的行爲）都能從計算中得到，每一件事都可歸納到受精確及可預測的運動所控制的物質片塊。情感和思想都僅僅是一些電子線路的流露。「自由意志」的幻覺變成只不過是組成人體的原子和分子的安排方式③。京斯爵士說：「熱心勸人要有道德和對社會有益，就變成像要規勸時鐘要走得準一樣。但即使時鐘有頭腦的話，它的指針的行動也不會和它的頭腦想要的行動一致；這些行動早已被固定好的重錘及鐘擺所決定。」④

胡亂貼標籤

把兩件不同時間發生的事件連接起來，然後說一件事是另一件事的因——這個想法很容易吸引人。例如，刻卜勒的母親被人控以女巫罪而遭逮捕，部分原因是，當她拜訪一位鄰居後，不幸這家裡的人正巧開始生一場大病。在今日，沒有任何受過教育的人會再作這類的推理。可是你還是常聽到有人說救濟金會造成貧窮，家庭計畫會造成青少女懷孕。

即使當事情之間的關聯很明確，也不是每一次都能作因果的聯繫。低飛的燕子並不是雨的因，就如畸齒整形不是青春期的因一樣⑤。如玻恩指出的，「藉由火車時刻表，你能預測從某一站出發的火車在十點鐘會通過某地；可是你不能說這時刻表就是這事件的因。」

因果之間的混淆經常把人帶到有趣的結論（後見之明）。例如，作家墨奇說，從前有個由科學家組成的委員會，決定不要大筆投資打造古騰堡⑥發明的印刷機，他們說書不會有很大的銷路，因爲只有百分之一的人口有閱讀能力。也許這批科學家從來沒有想過，有書可看可能才是人們想去閱讀的因；反過來說，人們會閱讀，也是書有銷路的因。

因的不可捉摸，使得因成爲滋長誤解和迷信的肥沃土壤。事實上，我們幾乎不明白：運作中的是哪些力？家庭爭吵的起因是什麼？犯罪率眞的上升還是下降了？噴射客機撞毀的原因爲何？大多數情形下，都不可能把圍繞這些事的錯綜情況分解開，去找出因來。從許多方面來說，因就是這些糾纏在一起的錯綜情況，它可能牽涉到從昨天的天氣到整個歷史中的每一事物。也許你不如去問，什麼是物質的因？或者什麼是生命之因？或者，如維斯可夫有一回向我說的：「到底什麼是因？所有你認爲有關聯的都是因。」

古代人不瞭解春季和秋季、日與夜的關係，因此他們就把這些事件（及幾乎其他每一事件）都歸屬給不同神祇的意志。這樣就使得這些神祇非常忙碌，因爲有許多事要做：非但要去安排所有洪水及饑荒的細節，還要去管每一個人每日生活中的瑣事。如果推動行星運轉的天使們，翅膀停住不拍，這些行星就會停下。在亞里斯多德的時代，需要不少於五十五位精靈，才能使這些行星運轉。

按照大多數資料的說法，十六世紀的刻卜勒是第一位作出如下嚴謹臆測的人：這些行星的運動一定牽涉到某些「力」，事件的發生一定是來自不神祕的理性原因。牛頓把這種思考具體化，認爲宇宙是有如巨鐘的機械式宇宙，其中每一事物都被力所控制。「就十八世紀而言，世界是一部巨大的機械，」羅伯・歐本海默這麼說道。所有的運動都能以力來分析及瞭解。就某種意義而言，牛頓以另一種因果關係來取代原先那一種，亦即，力取代了精靈及神祇。於是，因的世界觀從混沌變成有序，從全然的隨機變化成爲全然可預測。

沒有哪個東西天生如此

現在看來，我們似乎繞了一大圈後又回到原處，因爲量子力學出現了。天生具有不確定性的量子力學，遭人譴責說把隨機的大門打開了，把有序及因果關係免除掉，把自然律蒸溜成爲一種主觀的神祕主義。可是眞相是，量子力學所做的，只是帶來了「一種」新的因。這聽來很令人驚奇，好像有許多不同種類的因存在似的。

首先，有一種因說，事物的發生是基於事情自然發生的順序。哥白尼就持這樣的觀點。他認爲重力是創世者（上帝）賜予我們的物質自然層次，例如岩石屬於下面，雲屬於上面。達文西這麼寫道：「每一個重物的意願，就是想要使其中心變成地球中心。」這類思考方法可以推溯到柏拉圖及亞里斯多德，他們認爲奴隸制度是自然秩序的一種，他們也認爲圓周運動是行星唯一的天然軌道。亞里斯多德的宇宙是多層次的，每一件東西都有它所屬的位置；柯思特勒把這種多層次稱爲「像政府官員職等的分級」。

亞里斯多德的影響持續了一千五百年之久，仍然在某些人的思想中盤據著；這些人認為某種人天生就該貧窮或愚笨，或者女人應當屬於廚房。這些念頭都基於同一條思路，認為煙有自然上升的傾向，或者太陽的位置就在太陽系中心。這無異於不打自招，說我們還不知道牽涉到的是什麼力或什麼原因。

當然，我們能改變什麼是天生自然的觀念，即使在物理學中亦然。亞里斯多德認為東西的自然態是靜止態，必須要有力才能使它運動；牛頓則說物體的自然態可以是在運動中，使它們繼續運動的力是一種叫做慣性⑦的東西，這是所有物質都有的「天然」性質。牛頓認為有絕對運動和絕對靜止這類狀態是「天生自然」的，可是後來的愛因斯坦卻證明牛頓錯了。

亞里斯多德腦中想到的這類自然的因，與我們把力互相聯繫的因大不相同。力需要能量的交換。你向某人打一拳，他倒地。你對生日蛋糕上的蠟燭吹口氣，燭火就滅了。你搖動一張賀卡，就等於向附近空間送出微微的一道空氣分子流。重力向下拉，蘋果就落地。

可是本質上，重力仍只是一種模式的名稱，這種模式與我們還不太瞭解的物體行為有關。牛頓從來沒有聲稱過他瞭解重力的運作，也不瞭解它怎樣能越過空間傳播。他說過「我不作臆測。」或者如費曼說的：「在刻卜勒的時代，有些人對這個問題（什麼使行星繞日轉）的答案是，在這些行星後面有拍著翅膀的天使推動它們在軌道上運轉。你會看到，這答案也不太離譜，與現代理論的唯一不同處是多了天使；這些天使坐在不同的方向，他們拍翅向內推。」（這些天使向內的推力當然就是重力。）

最特別的因——對稱性

現今的「力被場所載」的觀念，或者「力以場的方式施出對物體的影響」的觀念，令人感覺到，這與亞里斯多德主張的每一物體都有它所屬的位置，似乎有令人感到不安的聯想。換句話說，蘋果落地不是因爲重力在拉它，而是因爲蘋果在重力場中掉到它所屬的位置去，就如磁石附近的鐵粉會自然掉在它們應當去的地方一樣。

事實上，這個要掉到自然態的傾向是所有自然界中的物體都具有的性質。非但蘋果會掉在基態（地上），原子亦然——在這過程中放出能量，發出光。所有的東西都在尋覓它們最低的能態，就如水總是要流到最低處一樣。科學家認爲這個去尋覓最低或最穩階層的傾向，是完全合情合理的因。

在這種因及亞里斯多德宇宙的因之間，仍然有些重要的差別。這些蘋果及原子的自然態是前後一致無矛盾的，而非反覆無常。對男人及女人、蘋果及橘子來說，重力的表現或行爲都一樣。原子要改變態就改變態，和它們是否向某一尊神明告解（懺悔）過無關。力和場不分彼此，它們對地、火、空氣及水中的原子都施以同樣的待遇。

這些一致性的根源是某種特別的因——對稱性。所有相對論中的奇怪效果，從時間變慢到彎曲的空間，都來自「自然律都呈對稱性」的理念，與你正在運動與否無關。光速永遠都一樣，宇宙中並沒有絕對靜止的座標系。

當你以更高速度運動時，是什麼原因使時間變慢？爲什麼當加速器中的電子以光速的百分之九十九點九九九運動時，質量會比靜止時增加了四萬倍？這些因都來自對稱性：不管你的運動有多快，測量到的光速都是同一值；有些差異並不能產生出差別。直尺的大小能變，時鐘上標出的時間能有不同，理由是，無論你在宇宙中做任何的運動，運作中的自然律永遠都一樣。

和其他因一樣，對稱能塑造事物的理念，可以一直推溯到古希臘。柏拉圖說這個世界的外形一定是完美球形，所有的行星一定在完美的圓圈中轉，因爲只有圓形才是完美對稱的。圓周運動沒有始點也沒有終點。不管你怎樣去看圓，它的外形都一樣。有些人甚至於說，東西被重力吸向地球中心的原因是，這樣做就會使東西美觀，而且對稱。這個對稱的觀念吸引力之大，使得人們一直要等到刻卜勒的時代，才接受行星的軌道根本不是圓，而是橢圓。

我的物理學家朋友喜歡指出，對稱性也是一些社會學理念的基本論點，如民權法案：法律之前，人人平等（對稱）。你不能對黑人和白人（或者男人和女人）有差別待遇，因爲他們的基本需求和能力都相同。

機率也是因

回頭說量子力學。只有在量子力學這個探討次原子事物的物理領地，「因」似乎才不知道從何處湧出。有人認爲，雖然古代神祇反覆無常，也好像比原子內部的運作情況更容易捉摸些。但是，看似隨機的原子事件還是有一種神奇的次序可尋。從隨機事件中浮現的這種次序，已經完全改變了我們對於「因」的觀念。

使得一枚向上拋轉的錢幣落下時，百分之五十的次數人頭朝上，百分之五十的次數人頭朝下的因是什麼？使某些數目的放射性原子現在衰變而不是以後衰變的因是什麼？決定輪盤賭紅白出現次數的因又是什麼？⑧

這些因，與防止打碎的蛋自動復原爲整顆蛋的因，同屬一類；也與房間幾乎一定會變髒亂的因，同屬一類。同一類因，也使一杯暖水的熱流向冰塊，把它融化，而不是反方向使暖水更暖、冰塊更冷。使這些事件能發生的因，純是因爲它們發生的可能性比不發生的可能性大。按照我物理學家朋友的說法，「因」是能使某事以較高的機率發生的任何東西。因此機率也可能是因。這聽上去好像毫無意義，可是只要你停下來看一下證據，就會覺得很有意義。

取一批撞球爲例（物理學家總喜歡引用一批撞球）。許多科學博物館中有一種展示：把一大堆撞球放出來，讓它們沿著一大叢釘有木柱的牆上隨機落下來。這些撞球撞到木柱，會在木柱中跳來這裡，跳到那裡。可是當它們落在底下的一排球格中時，令人驚奇的是，顯現出來的形狀是可以預測到的曲線。民衆喜歡一次又一次去做這個實驗，原因就是這個結果似乎不太可能，卻一再上演。你怎樣能從隨機運動中得到這麼漂亮的曲線？它的因究竟是什麼？⑨

或者以酩酊大醉、憑靠在燈柱旁的人爲例。假定他決定去散步，他先往前走一步，然後搖搖欲墜地向旁邊走一步，然後再顛躓地後退一步，然後又朝另一方向邁一步——每一步都是隨機的。你能預測醉漢走了若干步後，他離這燈柱有多遠？不可思議的是，結果是你能預測⑩。走離燈柱的距離等於「每步的平均大小」乘以「總共走過的步數的平方根」。因此，如果他每一步平均走一碼，走一百步後，他離開燈柱的距離就是十碼（只是你不知道這距離的方向）。

愛因斯坦用了這類方法，去分析顯微鏡下看到的混亂碰撞運動（稱爲布朗運動）。從分析中，他計算出分子的大小。在液體中懸浮著的小粒子，例如懸浮在水中的植物孢子或小油滴，都被看不見的分子隨機推來推去。結果是這些粒子的行動就像醉漢的動作一樣，它們的路徑可以用同樣的方法去預測。同一公式也可以用來預測煙霧的污染在空氣中散布的速度有多快。

科幻作家艾西莫夫（Issac Asimov）甚至於把這個理念應用在他的「基地」系列科幻小說中。他應用的是從氣體分子隨機運動中出現的統計上的有序度。如果有百萬兆數量級的分子，他說，你就能正確預測這個樣品的行爲：

任何原子或分子的運動是完全無法預測的，你不能知道它在哪裡，朝哪一方向動，或者動得有多快。可是你能把所有的運動平均起來，而從這些平均值你能歸納出氣體（動力學）的定律。你想預測一個人的行爲相當困難，可是群衆的行爲通常比較能夠預測。如果在未來，我們有了百萬個住滿了人的行星，我們應用了人的動力學，那會得到什麼結果？

如艾西莫夫指出的，這只是科幻小說。人要比氣體分子複雜得多。可是應用在次原子粒子上，統計機率的理念卻有一種奇怪的具體性：所有的粒子都能被描述爲波，這是物質的波粒二象性。這些粒子波是機率波。如果你想要去量度它，這波繪出的會是這粒子某時在某地的機率。

人們經常犯了把機率認爲是抽象體的錯誤，因而把機率認爲不具眞實性。他們不把機率正經地看成「因」。可是機率很高，確實有可能導致事件發生，例如自然界發生大災禍的機率很高或發動核戰的機率很高時，浩劫眞的就可能發生。可能性這個因，就和機率波一樣，非常眞實，因爲它們眞的能起作用。統計的定律和其他定律一樣，都是自然律；機率和重力這類東西一樣，也都能塑造事物。

上帝玩的是一大把骰子！

可能使事物發生的因，也會把以下這種弔詭現象引進來，即：少量的東西服從的定律，與多量的東西服從的定律不同。你我完全無法預測一枚錢幣或原子的行爲，可是卻能很精確地預測上百個錢幣或數兆原子的行爲。不可預測性的涵義是隨機，隨機的意思即缺少了因。一件事若不是故意發生（有因），就是發自意外（隨機）；你不能二者兼有。若按這種解釋，原子的行爲就是隨機的，因此呈非因果性。

舉例來說，是什麼因使得放射性原子衰變？例如，你有一毫克的鐳。你能相當精確地預測每一秒有多少原子會衰變，而你絕對沒有方法去改變這個情形。衰變率不受任何環境因素的影響。你能把它加熱或冷卻，你能改變它的運動，或者擠壓這些原子，可是衰變率還是一樣。

但是從另一方面來看，這些原子的過去歷史之中沒有任何一件事可以決定這些原子要做什麼。從宇宙任何角落取來的一毫克鐳都會有同樣的表現，沒有任何內在或外來的因素能改變這情況。過去和未來都不會有任何決定性的因素。因此，放射性衰變似乎眞的是一種沒有因的事件。事實上，幾乎任何和單個原子有關的事都顯露出同樣的非因果性。

可是，物理學家惠勒問道：「怎麼會這樣的？而且（這種非因果性）並不改變我們所知、所熟悉的世界？當然大件物體的組成都是原子。槍彈、機器及飛機的因果性如何能來自非因果性的原子行爲？彈道、軌道、速度、加速及位置如何能從這些奇怪的名詞如態、躍遷、機率中重新出現？」

如果上帝眞的是在宇宙玩骰子遊戲，那麼想來祂玩的是一大把的骰子；要不然，怎樣會有我們熟悉的、能預測的自然律呢？

其次，大自然顯露給我們看的是更進一步、可能更具基礎性的弔詭現象，即：機遇也遵守定律；而那些在因果關係統治下的事件，卻很少能被精確預測出來！

我們能（或無能）預測某事，其實並不一定依賴我們對因的瞭解。如果你能想到，有多少我們能預測而不能瞭解的事物（例如低飛的燕子預測快要下雨），而也有許多我們瞭解而無法預測的事物，這一點就變成顯而易見。以氣候爲例，衆人都瞭解使氣候變化的力，可是氣候本身卻具有高度不能預測性。主要的原因是它太複雜了，你大約能瞭解及預測單一個空氣分子在濕度和大氣壓變動下的行動；可是如果把一大批空氣分子交給你，你就茫然不知所措了。

就如外交大事及個人私事，小而隱晦不見的效應常能夠影響到整個大局。自然界（包括人性）通常糾纏得太複雜了，很難把它們整齊劃分出因與果。

回到互補觀點

因此，是不是量子力學天賦的不確定性把因果關係給取消了，還是根本沒取消？宇宙的核心是不是如鐘一般準確的精密機械？或者它是隨機的，就如房間中拋轉的錢幣？羅伯．歐本海默把量子力學的成果作如此的摘要：「在這個物質世界的核心，我們看到了完整因果律這個牛頓力學固有特徵的結束。」可是玻恩的結論卻是：「這句經常聽到的話，說現代物理已經放棄了因果律，是毫無根據的……科學一直都在搜尋現象之間的因果密切關係。」

也許把量子力學的潘朵拉盒子⑪打開後，唯一失去的東西就是這個假設——對因的瞭解，含有預測及控制事物的能力。維斯可夫指出，你仍然知道放射性原子會衰變，也知道它怎樣衰變，你只是不知道它何時衰變。

事實上，測不準原理的意旨也可以歸納為時間性的問題：如果你嘗試更精確地測定出某事會在某時間發生，你就會把其他因素變得更模糊。可是從另一方面說來，我們可以感覺到，時間也是事物的因。古爾德說：「給我一百萬年的時間，我可以拋轉一枚錢幣使它掉下來後，會有不只一回連續一百次人頭朝上。」在演化過程中，「事實上時間就是這場戲的主角。有了長達二十億年的時間，不可能的事變成有可能，有可能的變成了可能，而可能的就幾乎變成確定的事件。」

換句話說，你不必知道因果關係的方程中的每一項因素，才能測定出可能的結果。知道了民衆擁有多少手槍，有多少人吸菸，知道了某個車速限制，貧窮率是什麼，你就能預測有多少人會死亡；只是你不知道是誰而已。可是你可以很肯定地說，擁槍自重（老菸槍、超速駕駛、窮困潦倒）與死亡之間，「其中必有關聯。」

最後玻恩又回到互補原理的理念。在事物的結構中，嚴格的因果律及絕對的隨機都有它們各自的位置；一把它們放在一起，就會產生矛盾，就如波和粒子之間的矛盾一樣。事實上，如果你硬要把這兩種論點以邏輯（線性）串聯，得到的結論並沒有意義。因爲你如果說事出必有因，那就等於得到一切天注定的結論。另一方面，如果你說事出不必有因，那你只好斷言，每一件事物都是隨機的。

如果事出必有因，那麼我們就是鐘錶機械中的齒輪；如果事出不必有因，那麼我們僅是一堆骰子而已。

表面上來看，因果律和隨機性似乎是互斥的，可是仔細去研究一下，你可以把它們看成更大的現實中的互補面向。

【注釋】

①譯注：德謨克利圖斯（Democritus），公元前460-370，希臘哲學家，首創原子論，即世界萬物由不可分的原子單位所組成。

②譯注：阿里斯塔克斯（Aristarchus）約西元前310-230，古希臘天文學家、數學家，提出「太陽爲宇宙中心」的第一人，幾乎被官方控告以不敬神罪。

③譯注：西方基督教思想中，自由意志一直都是大問題。有一位神學家，好像是基督教最有名的兩位神學家之一，希帕的奧古斯丁（354-430），甚至於否認有自由意志的存在。他說，如果有自由意志，一隻驢子會在兩堆稻草間餓死，因爲無法決定先要去吃哪一堆。這當然是幼稚並且未經實驗求證的看法，因爲這個否認基於以下的假設：兩堆稻草的引誘力完全一樣大。事實是，驢子一定先吃離牠近的一堆；如果一樣近且一樣大，驢子一定會任意選一堆。後來有人做了一隻機械驢，以兩個充電插座代替兩堆稻草，結果機械驢先找到近的插座去充電，把充電器充飽以後，再去另一個充電器充電，因而示範了自由意志的不可捉摸性。

④譯注：在發明發條以前，早期的鐘都被慢慢落下的重錘所推動。

⑤譯注：在美國，有經濟能力的家庭通常把乳齒都換掉的小孩送去做畸齒整形（orthodonta），而乳齒都換掉的小孩通常已近青春期。

⑥譯注：古騰堡（Johannes Gutenburg），約1400-1468，西方發明印刷術的人。

⑦原注：牛頓的觀點要比亞里斯多德的「更對」的主要原因是，它的結果帶來進步。請看第二章〈正確？錯誤？〉

⑧譯注：輪盤賭是大轉輪，上有三十七個格子，每個安上號碼，一半號碼是紅，一半號碼是黑，標為〇〇的則為白色。把輪盤轉動後，在邊上滾球，球的能量耗掉後就滾入這三十七個格子中的一個。你可以按號碼賭，也可以賭紅或黑。如果賭紅黑，而這球掉在〇〇格中，莊家就贏。

⑨譯注：從上面掉出來的球分布得很均勻，可是經過木柱的碰撞後，到中間球格去的機率要比落在外側球格的機率大，因此出來的曲線是呈鐘形的高斯曲線（Gaussian curve），又稱常態曲線（normal curve）。

⑩譯注：這是數學中有名的隨機游動（random walk）問題，又稱漫步問題、醉漢走路問題。

⑪譯注：希臘神話中，神祇給世界第一位女人潘朵拉（Pandora）盒子，她到了塵世中把它打開，裝在盒中的一切罪惡、疾病、災禍都跑出來了，危害人類，而盒底只留下希望。現在用來比喻發現新的東西後帶來的問題。

第十四章　差之毫釐，失之千里

小斑點、小點、微點、污點、裂縫、瑕疵、錯誤、意外、例外、不規則性，都是通向其他世界的窗口。

——藝術家米勒的陳述

恆星之存在，是基於自然界不同的力之間的一些很微妙的平衡……在許多例子中，把轉盤朝某方向或另一方向稍微轉一點，世界非但不會有恆星，而且比我們現今的宇宙還會少了太多的結構。

——施莫林

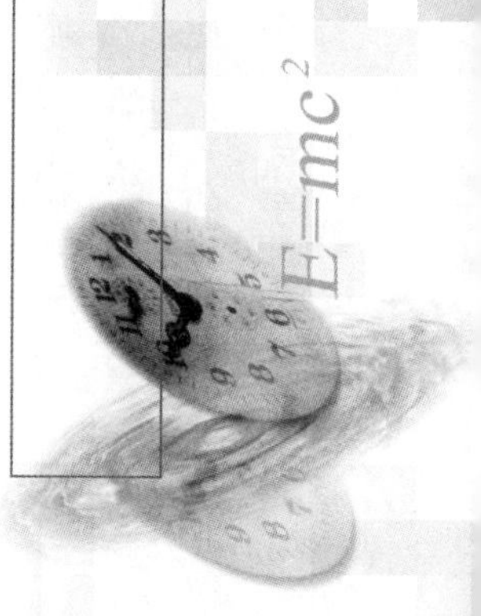

有人說，小東西的影響深遠。雖然這話不一定總是成眞，可是令人驚奇的是，有許多大尺度的現象卻受到極小而漸增的改變所支配，也有許多重要的科學發現來自某位科學家注意到一些幾乎看不到的異常現象。

反物質存在的信息第一次現身，是物理學家狄拉克誤打誤撞發現方程中，有帶負能量值的函數解。電動機的發明來自課堂中的示範：一位名叫厄司特（第一章注釋⑦）的高中老師注意到，一根通了電流的電線在磁場中移動的時候，出現了不在預期中的偏斜。海王星的發現，乃是因爲天文學家想要瞭解爲什麼天王星的軌道有點不規律。愛因斯坦的廣義相對論理論第一次被證實時，憑藉的是太陽附近某顆恆星的星光偏向，其偏向角只有一點七五角秒左右，比兩千分之一度還要小①。

再說些最近的事。之所以發現第一顆繞行其他恆星的行星，是因爲天文學家發現恆星的位置有一點很小的搖晃。幾乎不存在的微子，人稱「自旋的無物」的，科學家發現它也有質量；這發現（也許）來自一千二百五十萬加侖水槽中很稀有的光跡，這光跡是由圍繞在水槽周邊的光電倍增管記錄下來的。這大水槽放在日本的高山底下三二五〇英尺的地方。如果實驗證明無誤，這小小的微子很可能就是宇宙中大部分的質量②。

很明顯的，「差之毫釐，失之千里」的科學瞭解是，自然界中小小的差異可以造成很大的改變。在外層電子軌道上多了一個電子，就能造成鈉金屬和氖原子間的區別：鈉是最能起化學作用的金屬之一，而氖是一種和其他元素不起化學作用的氣體（我們稱這類氣體爲惰性氣體）。多加了一個中子，就能把鈽二三八改變爲鈽二三九。鈽二三八能用做太空船的能源，可是對人體極毒。鈽二三九是核彈的原料，它很容易裂變，因而能產生鏈式（連鎖）反應。鈽二三八不易裂變，可是能吐出大量輻射；如果吸了少量到肺中，就等於被判處死刑。

其他的例子還多著呢：光波的波長稍加改變，就能從紫光變成紫外線，紫光可以穿透過玻璃，可是紫外線透不過。如果強作用力稍弱，或者電力稍強些，原子可能就不存在了，所有我們知道的物質也就不存在。事實上，物質之所以存在，是因爲宇宙創生之後，離開那最早期一瞬間不久，物質與反物質之間一定有少許的不均衡（物質要比反物質只多那麼一點點）。物質的粒子與反物質的粒子一相碰就能互相湮滅，放出一道能量；如果宇宙創生時物質和反物質的分量相等，那麼所有的粒子及反粒子老早以前就全都互相湮滅了，不留下一物，只剩下輻射。

小差異，大差別

少許的差異，也能在生物界產生更爲深刻的影響。如果地球的軌道離太陽稍近些，溫度就會高到使有機分子不能黏在一起。如果地球軌道較太陽遠些，溫度會低到把生物出現的機會凍結掉。DNA結構中的一些極小的改變，就造成棕眼和藍眼的區別、疾病和健康的差別、物種滅絕或生存的天壤之別。有一位遺傳學家估計，在大於五百萬個原子組成的病毒中，小到三個原子的差別，就能使這病毒無害或能致命。

這些群體之間的少許差異，帶來了無窮的魅力。女作家狄拉得（Annie Dillard）指出，植物和人的生命泉源之間的差別只是原子：葉綠素是由一百三十六個氫、碳、氧及氮原子組成的，安排在一個鎂原子外圍，形成環。紅血素也是由一百三十六個氫、碳、氧及氮原子組成的，安排在一個鐵原子外圍，也形成環。人和非洲大猿的遺傳差異，還不到百分之一。

當然，有些小差異的影響要比其他的差異大很多。如果每一個小差異都能把事物搞得七扭八轉，這整個宇宙就會落在毫無希望的不穩態中，每一次你轉身，地球上的生物形態就要突然起變化。其實大多數的小差異沒有多少影響。微量的溫度變化、鼻子形狀的小變化、句子怎麼寫出來或者以什麼形態寫出，幾乎都沒有任何後果。可是如果這些差異發生在關鍵的地方，那就會產生很大的區別。華氏九八點六度與華氏一〇六度是小差異，可是能致命③。

有時，極重要的差別從表面上看來好像只是蛋糕上的糖霜，然而實質上卻是蛋糕本身。對眼睛來說，一位業餘長笛手和朗帕爾④的外貌，根本沒有什麼看得出來的區別，可是對你的聽覺來說，差異就極巨大了。同樣的，在短跑競賽中，最後的一毫秒（千分之一秒）就決定了誰是金牌得主。那些用字上的些微差別，能使一首詩更有力；或者舞者在風格上的一點修飾，就能使好舞者變成卓越的舞者。如哲學家巴希勒爾（**Yehoshua Bar-Hillel**）所說的：「從完全不會做到能做一點事的差距，遠比下一步來得小——這下一步就是能把事情做得很好。」

通常當事物之間有聯繫時，小差異能造成大差別，比如一長列的骨牌。要一枚石子造成山崩，整座山的岩石一定早已不穩，早已在搖搖欲墜的狀態。在這種情形，這枚石子就像槍上的扳機，這槍已裝有子彈，已經瞄準好，一觸即發。這個扳機也可能是造成癌細胞成長的一些基因的搭配，或者是推倒的第一片骨牌；或者是那些能推動出一長鏈的事件的冰晶體，最後造成風暴，或者是能使聖海倫火山爆發的地底裂痕。

非線性序列引發大爆炸

不幸的是，要找出哪些事物是聯繫在一起的（及如何聯繫在一起），並不太容易。這就是爲什麼預測地震會遭遇到大困難。地震學家尚待發現出，在地殼斷層附近無數的應力及應變，哪些能導致地殼中兩個被摩擦力鎖在一起多年的板塊，會突然崩開，因而造成地震。有這麼多的小東西，個個似乎都很重要。人類的心理也是一樣；沒有人能預測，哪些小事件的組合會突然迸發，造成謀殺或自殺。

可是有些小差異的聯繫方式，能使後果一點也不誇張地爆發。例如你把骨牌排成一長列，把第一片推倒，這些骨牌能依序一一倒下，直到最後一片骨牌倒下為止。可是如果你把許多骨牌安排成某種錯綜的方式，使第一片倒下的骨牌推倒兩片骨牌，這兩片骨牌再推倒四片，四片推倒八片，等等。這種情形就稱為「非線性事件系列」，你得到的後果簡直可以叫做爆炸。果與因不屬同等級，就如駕車不守規則不能看成和謀殺同等級一樣⑤。

有些我們認為是很小差異的東西，例如把某物乘以二這個小數目，往往能引起從流行傳染病到供應太陽能量的核聚變反應。一兩次的加倍或少數幾次加倍，並不一定產生出大差別；可是如果你把任何東西（無論它多小）加倍的次數多了，結果你會得到極大的數目。因為加倍就像骨牌效應：再次的加倍就把所有以前的加倍再加一倍。舉個例子，如果把一張面紙的厚度連續加倍又加倍五十次，所有的厚度加起來，大小居然等於來回月球距離的十七倍。

雖然這些小差異很重要，但是大家很可能難以看出它們的重要性。大多數人都不會注意到，百貨公司每個月在帳目上只加上百分之一點五的利息，也很難感受到世界人口每年增加百分之一點八有什麼了不起。這些差異似乎很小，但就是這些差異之間的聯繫使它們不斷疊加起來，而我們一開始總是看不見這些總模式。

兩個寓言

數年前，現爲科羅拉多大學名譽教授的巴特列特（Albert Bartlett）把這個情勢很生動地在《美國物理期刊》上表達出來。巴特列特舉了一個例子：在可樂瓶中細菌菌口每一分鐘加倍一次。從早上十一點鐘的時候開始，到了正午十二點鐘的時候，這可樂瓶就爆滿了。巴特列特問：什麼時候最有遠見的細菌才瞭解到，它們的時間不多了？答案是十一點五十八分。即使在那個時候，這瓶子還有四分之三的空間，因此這些有遠見的細菌是眞的有遠見。

在十一點五十九分時，這瓶子還只有半滿，或者半空，看你的觀點如何。巴特列特說，毫無疑問的，那些細菌政客們一定在細菌國中跑來跑去，向每個細菌保證，沒有理由去限制生殖率，因爲，還有比整個殖菌歷史用過的空間還多得多的空間可用。而在那個時候，我們姑且假定，它們開始了巨大的努力去探險新的海外空間，而看呀，他們找到了三個新的可樂瓶！所有渴望要有更多空間的細菌們可以鬆口氣，放下心來了。可是再過多久，菌口又會大到無立錐之地呢？答案是：兩分鐘（再加倍兩次就又爆滿了）。

有教育性的例子是寓言。有個寓言據說是包瞿斯⑥說的。故事的主角是一位頭腦有問題的王子。王子在大公園中造了許多柱子，都是一式一樣，所有柱子的顏色都是很美的大紅色。約一星期後，突然間所有柱子的顏色都很神祕地變爲純白色了。這事怎麼會發生的？

答案是，每一天柱子的顏色深淺都發生變化，但變化小到無法分辨出來。可是所有的差異加起來卻可以把大紅色變成白色。這個故事是基於十八世紀英國政治家波克⑦相同的洞察。波克說：「雖然沒有人能把日和夜之間畫一條分界線，可是就總體來看，明與暗卻有相當的區別。」

社會現象也是如此

換個話題來講，小差異的效應能解釋：爲什麼沒有人能具體指明的種族偏見或性別偏見，居然能導致普遍的種族歧視或性別歧視。杭特大學的心理學家范莉蘭（Virginia Valian）接受《紐約時報》科學記者訪問時，把這個過程作這樣的描述：

人們通常不能認知或估計出，小的不安定眞的能積土爲山。電腦的模擬已顯示出這一點。在這模擬中，有一個行政機關，其中有八層職級，開始的時候這些職級都已有人任職，每一職級的男女職員數目都相等。可是在升遷時，男職員升等的條件要比女職員的優厚百分之一左右。這個模擬程式一直演算下去，直到整個虛擬機關中所有的職員都完全換了一批人為止。最後，在最頂層的職員中有百分之六十五是男性，女性只占百分之三十五。

任何一個例子中的偏差很可能都很小，有些人會說：「你把鼴鼠丘⑧變成一座山了。」可是山的確是一座又一座的鼴鼠丘堆成的。

好的科學的目標是去找出拼圖中，哪些看似小而不適其所的事實，才是眞正的關鍵圖片，哪些小而不規則的事物，才是效應廣大、尙未發現的定律的先兆。就如物理學家溫伯格所說的，「當任何實驗和理論不符時，沒有哪一個東西會自己站起來，搖一面旗說：我是重要的特例。」

愛因斯坦的定律和牛頓的定律之間，差異實在很小，幾乎認不出來，除非速度離光速很近。你做洲際跨國旅行時，從來注意不到時間變慢，或者乘客在飛行途中都變重了一點。你不可能注意到牛頓的重力和愛因斯坦的空間曲率之間的差異。

可是這些小差異的意義極大。費曼指出，愛因斯坦的定律只使得牛頓的定律稍微錯了一點，但若是繼續抱持牛頓的定律，「從哲學觀點來看，我們是大錯特錯了……在這個定律背後，有一件哲學或理念上的怪事：即使是一項非常小的效應，有時也需要我們在理念上作極深刻巨大的改變。」

歸結說來，還是那些烏龜、雀鳥及鬣鱗蜥隨島而異的小差異，把達爾文引向發現演化論的道路。即使在今日，對演化論的信心仍舊不斷被這類的小不規則性強化，例如現在已很有名氣的「貓熊的姆指」⑨。古爾德所寫的這姆指不是眞姆指，而是腕骨的一支芝麻小骨。古爾德說，幾近十全十美的設計並不是演化論的好證據，因爲那會是十全十美的上帝創世的作品，「古怪的搭配及奇怪的解答卻是演化論的證據，因爲聰明的上帝絕不會選擇這些怪徑道；可是被歷史限制住的自然過程，必然會追隨這些怪徑道。」

打開眼界

在大多數情形下，小差異眞的是小差異。一旦瞭解它們，你就可以放心了。偶爾來的怪訊號，能當作我們自滿的盔甲上被扣敲時發出的叮噹聲，那是正常運轉的系統中的小毛病，能刺激我們，使我們走出對事物的習慣看法。

仔細想一下，大的差異是不是反而更難注意到？你不會注意到地球的運動，雖然它繞地軸以每小時一千英里的速度自轉，也繞著太陽以每秒二十英里的速度公轉。你不會覺得你的血液在流動，或者察覺身上細胞的活動。重要的社會趨勢及經濟趨向常常靜靜地在我們身邊溜過，因爲它們成長得很慢。當你坐在波音七四七客機中以五百英里時速呼嘯疾飛時，你也不會感覺到它的速度。

有時一定要你乘坐的飛機碰到氣穴時，你才記得自己在飛行中。也許小差異的最大成果是把我們的眼界打開，去看到更大的、不在預期中的眞相。

【注釋】

①譯注：其實比一點七五角秒還要小（一角秒等於角度一度的三千六百分之一）。在太陽周邊的偏向角爲一點七五角秒，可是大多數的恆星都要更遠，測量出來的最大的偏向角在一角秒以下。這實驗在日全食的時候才能做，見第八章注釋⑫。

②譯注：指的是在龜岡山下的微子探測器，這探測器探測到一九八七年在大麥哲倫雲（南半球可見，銀河系的衛星星系團）中一枚超新星爆炸時發射出的微子。現在已確實證明微子有質量，約在三至四電子伏特以下（相當於電子質量的十二萬分之一）。如果質量爲四電子伏特，宇宙內微子的總質量就會比所有構成星系、恆星等等的質量大十來倍。

③譯注：人的正常體溫是華氏九八點六度（攝氏三十七度）。如果體溫高達華氏一〇六度（攝氏四十一度）就有生命危險。

④譯注：朗帕爾（Jean-Pierre Rampal），1922-2000，法國人，世界長笛家的第一把交椅，把長笛變成二十世紀重要的樂器之一。

⑤譯注：近年來美國公路擁擠程度增加，有些人認爲前面的車（或其他車）是造成交通阻塞的原因，因而起無名火，有鬥車出事的，也有拔槍打死人的。當然開車技術不佳或不守規矩很不好，

令人討厭，可是爲了這種小事而謀殺人，那和事因的大小無法比較。

⑥譯注：包瞿斯（Jorge Luis Borges），1899-1986，阿根廷詩人、散文家及短篇小說作者。在南美洲創極端論（Ultraism）。極端論始於第一次大戰後的西班牙及西班牙—美國系詩人，特點是不用傳統的形式及內容，而用自由式的韻文、複雜的韻律及大膽的意象及象徵主義。從本書引用的包瞿斯的寓言，就可以看到極端論的詩形態之大概。

⑦譯注：波克（Edmund Burke），1729-1797，英國政治家，反對法國革命時創出的激進主義，而主張保守主義。

⑧譯注：鼴鼠（mole）是美洲小動物，住在地下，常常在地底下挖洞，挖過的地方會有很小的隆起，叫做鼴鼠丘——用來比喻不重要之物。

⑨譯注：《貓熊的大拇指》是古爾德（Stephen Jay Gould）於一九八〇年寫的一本科普書，中文版由天下文化出版。

後記

推動力及影響力

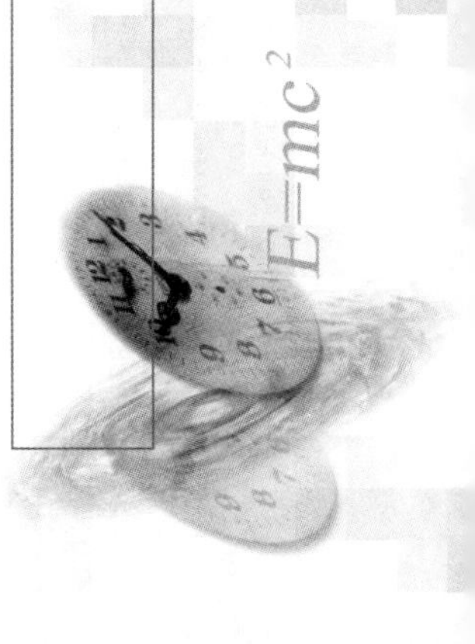

本書的理念大多塑自別人的寫作及思想——從愛因斯坦的理念及意見，到如墨奇、巴涅特等人的寫作，及我的「物理學家朋友」原創的洞見。有些人在書中出現的次數頻繁，我覺得應當在這裡把他們介紹一下：

法蘭克・歐本海默（Frank Oppenheimer）是舊金山探險博物館的館長，去世不久。在一九七二年我誤打誤撞到他的神奇博物館之後，他就變成我的「物理學家朋友」。我認爲這個探險博物館像法蘭克的大腦內部：相當雜亂無章，可是卻把科學、哲學、教育、政治及娛樂，深深地聯繫在一起。探險博物館的名聲廣爲人知，被認爲是世界上最好的科學博物館，但事實上它是一座關於人類認知的博物館。打從一開始，一幅破舊的招牌就宣稱：探險博物館正在創建中，這是一座社區型的博物館，要奉獻給人類的覺察意識世界。

早年法蘭克・歐本海默在紐約城時，即於夜深之際在超高層建築群之中遊蕩、寫散文，題材是他從建築物頂層看到的景色。後來，他在約翰霍普金斯大學及加州理工學院研習物理及長笛，在羅沙拉摩斯（Los Alamos）實驗室參與過製造原子彈的計畫，又成為宇宙線物理學家，展開他的科學探險之路，後來在政治上等於遭流放十年（他為了和平主義付出的代價），在科羅拉多州洛磯山的牧場中放牧，以後再回到教育界教書，最後他把一生多采多姿的經驗用來創造他事業的最高峰——探險博物館。自從那些日子起，法蘭克・歐本海默最關心的事就是人類的意識覺察。他獲得了許多大獎，包括兩次古根漢基金獎，以及加州理工學院、美國物理教師學會、美國博物館協會等頒發的卓越服務獎。

維斯可夫（Victor Weisskopf）可稱為「我的另一位物理學家朋友」。我第一次遇見他的時候，是透過他非常優秀的著作《知識和奇蹟》（*Knowledge and Wonder*），這是除了《伏魔驅邪者》（*The Exorcist*）一書外，我整夜不睡一口氣讀完的書①。

維斯可夫是麻省理工學院的講座榮譽教授，曾獲得美國國家科學獎章，在歐洲粒子物理研究中心成型的關鍵年間擔任主任，也擔任過美國人文暨科學院院長、羅馬教皇科學院的院士（在那裡他積極參與核武裁減問題）。除此之外，他深深奉獻給某些科學家仍舊看不起的「科學普及運動」；他總是從百忙之中找出時間和科普作家一起作業，向大眾解釋把物理的中心理念。他和法蘭克・歐本海默一樣，一直非常不介意、而且很泰然地讓別人引用他的理念。

莫里遜（Philip Morrison）也是麻省理工學院的講座教授，是一位天文物理學家、作家、書評家及《科學美國人》雜誌的專欄作家。或許他最爲人所知的是，既是能把聽衆意亂情迷地迷住的演講者，也是筆風優美的作家，在物理上的貢獻也很卓著。雖然很難從他的一般寫作中找出哪些是最中意的作品，可是這本選集《沒有哪一件東西是奇妙到不眞實的》（*Nothing Is Too Wonderful to Be True*）最能代表他的博學多聞及筆風。在他的夫人協助下，他還寫出了一本令人著迷的經典《十的威力》（*Powers of Ten*）。

莫里遜的方法都是原創的，他擅長把最明顯的內側翻出來，逼迫你不得不去重估你的假設，無論這題材是原子、裁軍，或者去搜尋地外生命。從多次與他在麻省理工學院的談話中，及在舊金山法蘭克・歐本海默家中的談話，他給我的印象每一次都是：我多麼的膚淺，可是又把我的頭腦裡裝滿了新理念，一直裝到腦殼邊上。他和他的夫人菲理斯在探險博物館創建時，有極大的貢獻。

費曼（Richard Feynman）曾被稱爲「世界上最聰明的人」。不管是眞是假，他確實是物理界最多采的性格物理學家。由於他在量子電動力學上的貢獻，他得到了諾貝爾獎，可是他又是一位極好的南美小鼓鼓手，及著名的費曼圖的創作者；這費曼圖以視覺方式來示意次原子的事件。

費曼是加州理工學院的物理學家，可是他的口音是紐約城皇后區的土音，在學校裡不相稱的程度似乎令人發笑。我有一次很幸運能邀請費曼作一小時的散步（他對記者害羞的程度是有名的）；本書關於費曼提出的大多數材料，都來自不可或缺的《費曼物理學講義》（*Feynman Lectures on Physics*）及《物理之美》（*The Character of Physical Law*）。

墨奇（Guy Murchie）是一位著名的科普作家，最近才去世。他是這幾本書的作者：《天穹之歌》（*Song of the Sky*）、《球的音樂》（*Music of the Spheres*）及《生命中的七個謎》（*The Seven Mysteries of Life*）。他的書中溢滿了事實、引句、軼事，而最多的是他對自然事物的熱情。我很自傲我把探險博物館介紹給墨奇，也很自傲我把墨奇介紹給探險博物館。

愛因斯坦（Albert Einstein）當然是大家都公認的天才，他發明（或者發現，如果你要這麼說的話）了狹義相對論（$E=mc^2$、時間膨脹及其他所有相關的一切）及廣義相對論（彎曲空間、黑洞及其他所有相關的一切）。他把人們對時間、空間、物質、能量、運動及其他基本現象的想法完全革命性地顛覆了。可是他不僅僅只是一位才氣縱橫的科學家，還是一位偉大的人本主義者，他談及、寫及、憂及戰爭、人類處境、暴政，關心最多的則是核武擴散——他曾說過，這東西改變了我們的一切，可是並沒有改變我們的思維。

羅伯・歐本海默（J. Robert Oppenheimer），法蘭克之兄。人們常常稱譽他是在美國創建第一支理論物理學派的人，這是他在一九二〇年代從歐洲學習物理後回到美國的事。他是主管羅沙拉摩斯實驗室科學發展的科學家。以此身分，他被尊稱爲原子彈之父。可是大家認爲他主要還是一位偉大的教師、深刻的思想家，而最後，因爲他的政治觀點，而成爲某方面的烈士：一九五〇年麥卡錫時代，他的機密安全許可被取消，部分原因是他反對泰勒（Edward Teller）建造威力更強大的氫彈②。

加莫夫（George Gamow）是一位奇特而重要的物理學家，現在大霹靂宇宙起源學說幾乎完全被接受③，他就是首創這理論者之一。在《湯普金斯先生漫遊奇境記》（*Mr. Tompkins in Wonderland*）及《湯普金斯先生探測原子》（*Mr. Tompkins Explores the Atom*）這些科普書中，他寫出令人著迷的故事，描述一位令人生憐的銀行小書記如何學到相對論及量子力學。對於任何對現代科學有興趣的人，這些書是很愉快的入門。我高度推薦他的這些書：《一、二、三……無窮大》（*One, Two, Three…Infinity*）、《物理的傳記》（*Biography of Physics*）及《地球傳記》（*Biography of the Earth*）。

古爾德（Stephen Jay Gould）是率直而創新的哈佛大學生物學家及地質學家。他替《自然史》雜誌寫了不少奇佳的文章，蒐集在《達爾文大震撼》（*Ever Since Darwin*）、《熊貓的大姆指》、《奇妙的生命》（*Wonderful Life*）及其他書中。古爾德談論到演化生物學時，很少不提一些人類事務的類似現象做爲比較。

奇士塔考斯基（Vera Kistiakowsky）是麻省理工學院的實驗物理學家兼教授。她多次抽空閱讀我寫的不同性質的文章，與我談論物理。

京斯爵士（Sir James Jeans）是英國天文學家兼物理學家，他的研究工作廣闊，從分子物理到量子力學及宇宙學。自一九二八年起（受封爲爵士之後），他就不做研究工作了，而致力去做科普方面的工作。他的公開演講及電台中的演講，都已經蒐集成冊：《圍繞我們的宇宙》（*The Universe Around Us*）以及《神祕的宇宙》（*The Mysterious Universe*）。

艾丁頓爵士（Sir Arthur Eddington）是和京斯同時代的人，可是這兩人在天文學及哲學觀點的某些地方有針鋒相對之處：京斯的特長爲狹義相對論。事實上，艾丁頓是第一位把愛因斯坦的相對論以通俗語言解釋給大衆的人。愛因斯坦認爲艾丁頓的表達方式是所有語言版本中最好的④。

波耳（Niels Bohr）是丹麥物理學家，廣爲人知的量子力學之父，他以他的科學理念及科學在人類思想方面的涵義，啓迪了一整個世代的物理學家。波耳率先把原子的特性歸屬於「原子中的事件（如發射光）都是以整體的形式發生」——即量子躍遷。他也創建了互補原理，以此觀念去調和輻射的粒子性質及波動性質。

牛頓（Sir Issac Newton）是十七世紀人，大多數人都把他描述爲坐在蘋果樹下等蘋果掉下來打到頭的科學家。不管是眞的或是典據可疑，第一位看出蘋果落地與月球軌道都來自同一種力（重力）的人，的的確確就是牛頓。每一位學童都知道他的三條有名的運動定律（每一作用必有一反作用，等等）。他創造出微積分，首先瞭解到白光其實是所有顏色光譜的混合，可是他後來卻被煉金術及神祕主義所迷[5]。

亞里斯多德（Aristotle）認爲宇宙的形象是靜止不動的、大小有限、以地球爲中心。這個思想停停走走地主宰了科學思想有一千五百年之久。他的主要貢獻不在物理，可是他被人歸功（或被歸咎）於把後世的科學家推到錯誤的轍道上去；特別是他的運動定律，這定律的錯誤在於假定物體的自然狀態是靜止態，因此如果沒有力把物體推動，它們最後都會很自然地靜止下來，

哥白尼（Nicolaus Copernicus）是十五世紀的天文家，人們歸功他發現「地球繞日（地動學說）而非太陽繞地球轉」。許多歷史記載說，哥白尼的系統大幅簡化了古希臘天

文家兼數學家托勒密（Ptolemy）創出的舊系統，這舊系統把行星、太陽及月亮的運動描述爲一組很複雜的本輪（epicycle，周轉圓）系統——沿大圓內滾動的小圓。可是哥白尼的系統也需要許多複雜的運動，主要的原因是，他認爲天體是完美的圓周運動，雖然眞正的行星軌道是橢圓形。

伽利略（Galileo Galelei）是十六、七世紀的科學家，人們歸功他在物理現象研究中，建立了實驗求證的重要性。許多人經常把伽利略做這樣的描述：站在比薩斜塔的頂上，把一枝羽毛及一塊石頭同時落下，去證明它們會以一樣快的速率落到地上（這是不可能的，除非比薩斜塔在眞空中）。人們也歸功他注意到「擺的週期與擺的長度有關，而與擺幅無關」。伽利略還發明了望遠鏡；發現在月亮上有山，發現無數的恆星及木星的衛星——這是第一個除我們之外的行星也有衛星的證據。

刻卜勒（Johannes Kepler）和伽利略是同時代人，他花了一生的時間去搜尋「球的音樂」中的宇宙級泛音。他最重要的貢獻可能是認識到行星是被一種「力」拘束在繞日的軌道上。他也創建了三條行星運動定律，這三條定律最後證明了行星的軌道是橢圓形，而非圓形。

當然這名單只列出一部分的人，這名單多多少少是按這些人在書中出現的次數而排列的。我當然不可能把所有推動本書的力及施於本書的影響力都一一列出。書後面的延伸閱讀中還列出不少，讀者可進一步參閱。

【注釋】

①譯注：《伏魔驅邪者》是一九七一年出版的幻想小說，暢銷至今，已被拍成流行的影片。後來有不少人仿效，甚至於傷人、殺了人而被處刑。

②譯注：麥卡錫（Joe McCarthy）是一九五〇年代的美國參議員，信口開河，不論青紅皀白把許多人戴上紅帽子。有一度被人認爲是反共先鋒，後來其把戲被拆穿，參議院投票表決，公開斥責他的行爲，認爲不合參議員的身分，因此名譽掃地。可是已經有許多受害者，歐本海默兄弟也在其中。

③原注：實際上，大家都接受的是，這宇宙在各方向都作急速的擴張——其涵義爲，在過去的某時，所有的物質及能量都壓縮在一起，成爲無窮小的點。

④譯注：第十四章提到的星光被太陽彎曲的天文觀測，就是在一九一八年由艾丁頓領隊去南非做的。見第八章注釋⑫。

⑤譯注：毫無疑問，牛頓是一位稀有的天才，可是也可以說他是怪人。牛頓終生未婚，似乎對性沒有

興趣，從來不大笑。牛頓一生中歷經多次精神崩潰，有些人臆測他是躁鬱症患者，交替生活於憂鬱及快樂之間。牛頓曾說過他像一個在海灘上的遊玩的小孩，「不時發現一顆光滑的圓石子，或者一枚美麗的貝殼，而在我面前的那個偉大的眞理海洋，仍舊沒有去探索過。」許多人認爲這句話代表他的謙虛。可是他的眞意乃是「醉翁之意不在酒」，因爲他的主要興趣不在科學而在神學。牛頓是一位深信基督教聖經教義者（即相信聖經上每一字語字面上的意義）。他眞的相信有天使、惡魔及撒旦（魔鬼）。事實上，牛頓花了他大半生的時間去證明基督教聖經的舊約才是確實的歷史。如果牛頓能多花些時間在科學上，眞不知道他能再發現出多少科學眞理。

延伸閱讀

Isaac Asimov, *Asimov On Chemistry, Asimov On Physics*
Hans Christian von Baeyer, *The Fermi Solution: Essays on Science, Taming the Atom: The Emergence of the Visible Microworld*
Adolph Baker, *Modern Physics and Antiphysics*
Lincoln Barnett, *The Universe and Dr. Einstein*
Marcia Bartusiak, *Through a Universe Darkly*
Max Born, *The Natural Philosophy of Cause and Chance*
Jacob Bronowski, *The Ascent of Man, Science and Human Values*
Nigel Calder, *Einstein's Universe*
Hendrik Casimir, *Haphazard Reality: Half a Century of Science*
Margaret Cheney, *Tesla: Man out of Time*
Annie Dillard, *Pilgrim at Tinker Creek*
Sir Arthur Eddington, *Space, Time and Gravitation: An Outline of the General Relativity Theory*
Albert Einstein, *Essays in Physics, Ideas and Opinions*
Albert Einstein and Leopold Infeld, *The Evolution of Physics*
Loren Eiseley, *The Unexpected Universe*
Richard Feynman, *The Character of Physical Law, The Feynman Lectures on Physics*
A. P. French, editor, *Einstein: A Centenary Volume*
George Gamow, *Mr. Tompkins Explores the Atom, Mr. Tompkins in Paperback, Mr. Tompkins in Wonderland, Biography of Physics, Gravity*
Martin Gardner, *The Whys of a Philosophical Scrivener*
Larry Gonick and Art Huffman, *The Cartoon Guide to Physics*
Richard L. Gregory, *Eye and Brain: The Psychology of Seeing, The Intelligent Eye, Mind in Science: A History of Explanations in Psychology and Physics*

Paul G. Hewitt, *Conceptual Physics, Thinking Physics*

Sir James Jeans, *Physics and Philosophy*

Daniel Kevles, *The Physicists: The History of a Scientific Community in Modern America*

Arthur Koestler, *The Sleepwalkers: A History of Man's Changing Vision of the Universe*

Lawrence Krauss, *Beyond Star Trek: Physics from Alien Invasions to the End of Time, Fear of Physics: A Guide for the Perplexed, The Physics of Star Trek*

Robert March, *Physics for Poets*

P. B. Medawar, *Advice to a Young Scientist*

Philip Morrison, *Nothing Is Too Wonderful to Be True*

Philip Morrison and Phylis Morrison, *The Ring of Truth: An Inquiry into How We Know What We Do*

Guy Murchie, *Music of the Spheres: The Material Universe from Atom to Quasar, Simply Explained; The Seven Mysteries of Life*

J. Robert Oppenheimer, *Science and the Common Understanding*

Ilya Prigogine, *From Being to Becoming*

B. K. Ridley, *Time, Space and Things*

Carl Sagan, *Cosmos*

Lee Smolin, *The Life of the Cosmos*

Peter S. Stevens, *Patterns in Nature*

Kip Thorne, *Black Holes and Time Warps: Einstein's Outrageous Legacy*

James Trefil, *The Unexpected Vista*

Judith Wechsler, editor, *On Aesthetics in Science*

Victor Weisskopf, *Knowledge and Wonder: The Natural World as Man Knows It, Physics in the Twentieth Century*

Steven Weinberg, *Dreams of a Final Theory, The First Three Minutes: A Modern View of the Origin of the Universe*

Joseph Weizenbaum, *Computer Power and Human Reason: From Judgment to Calculation*

Frank Wilczek and Betsy Devine, *Longing for the Harmonies*

物理科學的一代大師

陳省身、李遠哲專序推薦
2002年聯合報讀書人年度最佳書獎
2003年香港十本好書獎

規範與對稱之美──楊振寧傳

江才健　著

■定價 500元　■書號 CS080

1957年，楊振寧與李政道因為「宇稱不守恆」理論，成為率先獲得諾貝爾獎的中國人。1982年，美國氫彈之父泰勒認為，楊振寧因為創建「楊─密爾斯規範場理論」，應該再次得到諾貝爾獎。1999年，著名的物理學家戴森推崇楊振寧是繼愛因斯坦、狄拉克之後，為二十世紀物理科學樹立風格的一代大師。

前中國時報科學主筆江才健耗費四年之功，「上窮碧落下黃泉」搜羅豐實材料，詳述楊振寧的童年和成長歷程、愛情與親情生活、科學品味與成就，以及情繫兩岸三地、感時憂國的民族情懷，更首次專文探討其與李政道關係的微妙轉變。由遠哲科學教育基金會、天下文化共同出版。

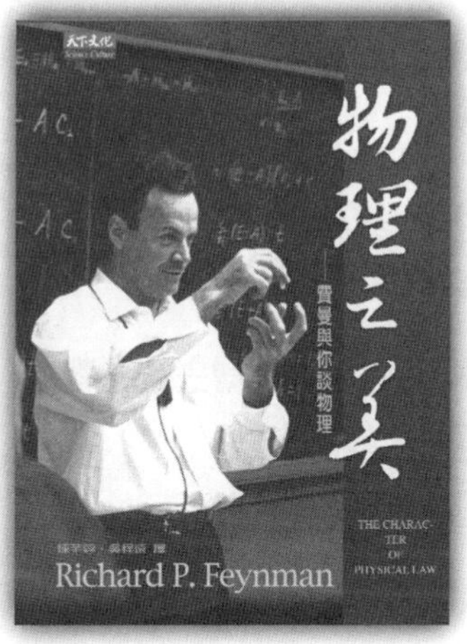

震撼物理四十年

人類思想精粹之一，
物理學發展的驚人里程碑。

物理之美——費曼與你談物理

理查·費曼　著　陳芊蓉、吳程遠　譯

■定價 300元　■書號 CS203

1964年，聲譽鵲起的費曼教授，應邀至康乃爾大學擔任梅森哲講座當年度的主講人，講題是「物理定律的特徵」。費曼的演說技巧是享譽國際的，而且以令人振奮的台風而聞名。

講座結束後，由英國廣播公司整理出版《物理之美》精裝本，麻省理工學院發行平裝本，至今已風行四十餘年。近年更與亞當史密斯的《國富論》、達爾文的《物種原始》、愛因斯坦的《理念與論點》等經典著作，獲譽為人類思想精粹。

這本書不是教科書，但是其中的論述，架構完整、層次分明，非但一般讀者能從中領略物理之美，更可以啓發那些有心對物理定律尋求更清楚瞭解的人。

費雪教授掰物理

「搞笑諾貝爾物理獎」得主費雪教授
告訴你如何用科學方法
讓酥餅泡花生湯會更好吃？

搞笑學物理

費雪 著　葉偉文 譯

■定價 330元　■書號 WS076

你想知道，用槌子釘釘子時，是要全力一擊比較好？或是小力一點、多搥幾下比較好？回力棒要怎麼設計、怎麼丟，才能創造世界紀錄？接球這種運動，可以用什麼樣的方程式來描述？洋蔥要怎麼吃，才會吃起來像蘋果？如何從不同家超市的帳單，判斷哪一家的定價比較貴？泡沫是如何形成的？精子怎麼游泳？

利用我們熟悉的事務，是獲得科學觀念最有效的方法之一。費雪教授藉著這些日常活動，為我們敲開科學的大門。

國家圖書館出版品預行編目資料

物理與頭腦相遇的地方／柯爾（K. C. Cole）著；丘宏義譯.--第二版．--台北市：天下遠見，2009.12
面；　公分.--（科學文化；60A）
參考書目:面
譯自：First You Build a Cloud and Other Reflections on Physics as a Way of Life
ISBN 978-986-216-464-8 (平裝)
1. 物理學

330　　98023917

科學文化 60A

物理與頭腦相遇的地方

原　　著／柯爾
譯　　者／丘宏義
策 劃 群／林和（總策劃）、牟中原、李國偉、周成功
系列主編暨責任編輯／林榮崧
封面設計暨美術編輯／江儀玲

出版者／天下遠見出版股份有限公司
創辦人／高希均、王力行
遠見・天下文化・事業群 董事長／高希均
事業群發行人／CEO／王力行
出版事業部總編輯／許耀雲
法律顧問／理律法律事務所陳長文律師　　著作權顧問／魏啟翔律師
社　　址／台北市104松江路93巷1號2樓
讀者服務專線／（02）2662-0012　傳真／（02）2662-0007 2662-0009
電子信箱／cwpc@cwgv.com.tw
直接郵撥帳號／1326703-6號 天下遠見出版股份有限公司

電腦排版／極翔企業有限公司
製 版 廠／立全電腦印前排版有限公司
印 刷 廠／崇寶彩藝印刷股份有限公司
裝 訂 廠／政春裝訂實業有限公司
登 記 證／局版台業字第2517號
總 經 銷／大和書報圖書股份有限公司　電話／（02）8990-2588
出版日期／2000年12月10日第一版
2009年12月30日第二版
2013年1月30日第二版第2次印行
定　　價／320元
書　　號／CS060A
原著書名／First You Build a Cloud and Other Reflections on Physics as a Way of Life
by K. C. Cole

ISBN: 978-986-216-464-8（英文版ISBN: 0-15-600646-4）

BOOKZONE 天下文化書坊　http://www.bookzone.com.tw

Believing in Reading

相信閱讀